덴마크식
행복육아

덴마크식 행복육아

발행일   2017년 8월 18일

지은이   박 미 라
펴낸이   손 형 국
펴낸곳   (주)북랩
편집인   선일영   편집   이종무, 권혁신, 이소현, 송재병, 최예은
디자인   이현수, 김민하, 이정아, 한수희   제작   박기성, 황동현, 구성우
마케팅   김회란, 박진관, 김한결
출판등록   2004. 12. 1(제2012-000051호)
주소   서울시 금천구 가산디지털 1로 168, 우림라이온스밸리 B동 B113, 114호
홈페이지   www.book.co.kr
전화번호   (02)2026-5777   팩스   (02)2026-5747

ISBN   979-11-5987-716-2 03590 (종이책)   979-11-5987-717-9 05590 (전자책)

이 도서의 국립중앙도서관 출판예정도서목록(CIP)은 서지정보유통지원시스템 홈페이지(http://seoji.nl.go.kr)와
국가자료공동목록시스템(http://www.nl.go.kr/kolisnet)에서 이용하실 수 있습니다.
(CIP제어번호 : CIP2017019955)

타인과 비교하거나 경쟁하지 않는
덴마크의 자녀교육법

덴마크식
행복육아

글·사진 | 박미라

북랩 book Lab

CONTENTS

PART 2
덴마크 부모들은 왜 화내지 않을까?

    몇 년 전, 덴마크에서 가장 큰 방송국 중 하나인 'DR방송'에서 한국의 중고등학교 학생들에 관한 다큐멘터리를 방송한 적이 있었다. 유치원에 아이를 데리러 간 어느 날, 선생님이 아주 흥미로운 방송이었다며 그 방송에 대해 얘기를 꺼냈다. 난 방송을 보지 못했기 때문에 보고 나서 다시 얘기를 하자고 했다.

    집에 돌아와 방송을 찾아보니, 새벽부터 일어나 학원에 가고 다시 학교에서 수업을 들으며 공부하고, 끝나자마자 또 학원으로 직행하는 아이들의 모습, 그리고 학원이 끝나고 다시 독서실에서 공부하는 아이들의 모습을 그리고 있었다. 그저 아침에 일어나자마자 공부하기 시작해 자기 전까지 공부하는 평범한 한국 아이들의 모습이었다. 다음 날 유치원에 가서 선생님과 대화를 했다. 선생님이 물었다. "당신도 그렇게 공부를 했었나요?" 나는 한국에 있는 학생들이라면 그렇게 해야 한다고 말했다. 그랬더니 그 선생님은 "왜?"라고 되물었다. 난 그들이 좋은 직장을 갖고 좀 더 나은 미래를 갖기 위해서 그렇게 공부하고 노력한다고 답했다. 선생님은 밖에서 놀고 있는 아이들을 가리키며 "저렇게 놀고 행복한 아이들의 모습은 어디에 있죠? 좋은 직장? 미래?"라고 말하며 고개를 갸우뚱

거렸다. 우리와는 다른 사회구조를 가지고 있는 이들에겐 밤낮없이 공부만 하고 있는 아이들의 모습이 낯설기만 했을 것이다.

또 한 가지 에피소드가 있다. 방학을 이용하여 한국에 방문했을 당시, 딸과 '키자니아'에 간 적이 있다. 여러 가지 직업을 체험해 볼 수 있는 곳이라고 해서 많은 기대를 안고 갔다. 과연 듣던 대로 대단했다. 호기심 많은 아이들이 다양한 경험을 하며 일에 대해서 알아가고 노동의 대가도 받으며 원한다면 그 돈을 은행에 저축도 할 수 있는 아주 체계적인 시스템이었다. 우리 아이도 이곳에서 아주 재미있는 시간을 보냈다. 일을 한 뒤에 돈을 받아 보고서는 그게 좋다며 만들기 체험보다는 직접 일을 해서 돈을 받는 직업군만 골라서 할 정도였다. 나 역시 아이 못지않게 신선하고 알찬 경험을 할 수 있는 시간이었고, 동시에 많은 생각이 들기도 했다. 워낙 유명한 곳이다 보니 찾는 사람들이 많아서 복잡했고 입장권도 싸지 않았다. 나도 그 당시에는 이왕 여기까지 온 것, 자주 올 수 없으니 아이가 최대한 많이 경험을 하고 나왔으면 했다. 하지만 그것은 부모의 바람일 뿐 체험하는 것은 아이이니 아이의 자유의지에 맡길 수밖에 없는 일이었다.

하지만 내가 이미 덴마크 생활에 익숙해져 있어서 그런지 여기저기 정신 없이 뛰어다니는 부모들의 모습은 낯설기만 했다. 그들도 나처럼 '내 아이가 이왕이면 많이 경험을 해봤으면' 하는 마음으로 바쁘게 다녔을 것이다. 어디가 줄이 짧은지 체크해서 아이들을 재촉해 그곳으로 인도하고 내 아이가 잘 하고 있는지 체크하는 모습, 하나가 끝나면 또 다른 곳으로 분주히 움직이는 모습. 난 그런 모습들을 지켜보며 그들이 느끼지 못한 다른 것, 내 아이가 그곳에서 조차도 뒤처질까 조바심 내는 엄마들의 모습이 눈에 들어왔다. 나는 아이들이 그 동안 경험하지 못했던 다양한 직업 체험을 할 수 있는 그곳에서는 굳이 부모들이 아이들을 재촉하지 않더라도 아이들이 스스로 경험하면서 내가 좋아하는 것들과 잘 하는 것들을 충분히 찾아갈 수 있다고 생각했다. 왜 학교가 아닌 놀이공간에서 조차 아이들이 경쟁을 해야 하며 부모들이 안내하는 혹은 부모들이 짜 놓은 틀 안에 아이들이 들어가야 하는지 안타까운 생각이 들었다. 다양한 경험을 하는 공간에서조차 아이러니하게도 아이들은 획일화된 모습이었다. 나 또한 덴마크에서 아이를 키우지 않았다면 똑같았을 것이다.

가끔씩 한국에 있는 친구들과 이야기를 나누게 될 때면, '한국 사람들은 덴마크 아이들을 보며 어떤 생각을 할까?'라는 생각이 든다. 덴마크라는 나라는 작고 한국에서는 생소하게 생각하는 사람들도 많지만 배울 것이 많은 나라이기 때문에 한국의 부모들에게 덴마크를 소개해야겠다는 생각이 들었다.

요즘 들어 한국에서 디자인이나 라이프스타일, 인테리어 등 북유럽과 관련된 많은 분야들이 관심을 끌면서 교육 분야도 함께 조명을 받고 있다. 하지만 교육 전문가가 보는 북유럽의 교육과 일반 학부모가 보는 북유럽의 교육은 분명히 다를 것이라 생각한다. 전문가들은 교육 제도나 효과 등에 대해 더 전문적으로 말할 순 있겠지만 생활에서 묻어나는 디테일이나 아이들의 감정까지 알아내기는 쉽지 않을 것이다. 어느 나라나 마찬가지겠지만 교육에는 그 나라 고유의 문화와 국민성이 반영되게 마련이기 때문이다. 덴마크의 교육도 그들의 생활이나 문화와 떼어 놓고는 설명할 수가 없다. 그렇기에 10년간 덴마크에서 생활하면서 보고 느낀 점을 교육 전문가가 아닌 일반 학부모의 시선, 한국인의 시선에서 날것 그대로 소개하고 싶었다.

동전의 양면처럼 모든 것에는 장단점이 있다. 한국의 장점이 덴마크의 취약점이 될 수 있다. 예를 들어 덴마크에는 열정과 경쟁이 부족하기 때문에 더 잘할 수 있는 아이들이 그만큼 성장을 못하거나 속도가 느릴 수도 있고, 한국의 빠르고 편리한 서비스 문화는 높은 임금으로 인해 이곳에서는 꿈도 못 꿀 일이다. 받기도 힘들고 받는다 하더라도 무척이나 비싸고 만족도도 떨어진다.

반대로 덴마크의 장점이 한국의 취약점이 되기도 한다. 기술노동직에 종사하는 사람들도 회사원 못지않게 평등한 대우를 받으며 살 수 있는 것, 그래서 모두 다 대학을 가지 않아도 되기 때문에 아이들이 상대적으로 공부하는 스트레스가 적은 것 등이다.

이 두 사회가 잘 조화된다면 더할 나위가 없겠지만 이것이 쉬울 리가 있겠는가? 우리 사회의 모습이 앞으로 바뀌어야 할 것이고 우리의 의식이 변화되어야 할 것이다. 이 두 사회가 잘 조화된 유토피아를 꿈꾸며 미래의 우리 아이들이 좀 더 안전하고 행복한 사회에서 살아가길 기도한다.

2017년 8월

코펜하겐에서 박미라

PART 1

덴마크 아이들은 왜 학교 가기를 좋아할까?

행복한 나라 덴마크

하지만 나는 행복하지 않았다

세계에서 가장 행복한 나라를 꼽으라면 덴마크라는 곳이 빠지지 않는다. 세계 행복도 조사를 하면 항상 순위권 내에 있는 나라인 것만 봐도 알 수 있다. 사실 순위권이라고 말하지만 거의 1위에 랭크된 경우가 많고 최근 10년 안에는 3위권 밖으로 벗어난 적이 없었다.

이런 것은 전혀 모른 채 덴마크라는 곳에 와서 살게 되었지만, 외국인으로서는 그 행복을 느끼기가 결코 쉽지 않았다.

'한국 식품점도 하나 없는 거리, 생소한 언어, 원래 살던 독일보다 비싼 물가, 그리고 더 나빠진 날씨…'

처음에 덴마크라는 곳에 와서 살게 되었을 때는 이런 단점들만 눈에 들어왔다. 덴마크에 오기 전 5년이 넘는 기간을 독일에서 생활했기에 그나마 유럽 생활에 익숙해져 있었던 나였지만, 북유럽은 독일과는 또 달랐다. 게다가 이제 겨우 독일어에 익숙해져 있었는데, 독일어는 이제 써먹지도 못하고 다시 새로운 언어를 배워야

덴 마 크 식 행 복 육 아

한다는 것이 절망적이기까지 했다. 사실 언어에 재능이 없는 나로서는 아직도 덴마크어가 새롭고 힘들다.

처음 덴마크에서 겨울을 지낼 때에는 정말 우울증 걸리기에 딱 좋은 날씨라는 생각이 들었다. 추위도 추위지만 겨우내 햇빛도 못 보고 살아야 했고 난방비가 비싸다는 이유로 집안에서도 청승맞게 두꺼운 옷을 껴입고 지내야 했다. 덴마크에 와서 겨울이 가장 길었던 해에는 6월 중순까지 가죽 점퍼를 입고 있었던 적도 있었을 만큼 이곳의 날씨는 나쁜 게 사실이다. 덴마크 사람들도 입 모아 말한다. 자신들도 회색 빛 저 하늘은 싫다고 말이다.

입맛을 확 당기는 음식도 없을뿐더러 물가가 너무 비싸 거의 삼 시세끼를 집에서 해 먹어야 한다는 점은 가정 주부로서 엄청난 부담이다. 외식이 무척이나 쉽고 저렴하기까지 한 한국 생활을 생각하면 더욱 그렇다. '밥 하기 싫을 때 전화 한 통으로 해결되는 편리함.' 상상만 해도 행복하다.

오죽하면 젊은 교민들 사이에서는 맥도날드 같은 패스트푸드점에서 먹는 것도 '외식'이라 칭하기도 하니 말이다. 우리끼리 하는 이야기지만 나도 그랬듯이 젊은 부부들은 처음에는 보통 밥이 할 줄 아는 음식의 전부이다. 그러다 이곳 저곳에서 레시피를 받아 먹고 싶은 음식을 하나하나 만들다 보면 음식 솜씨가 늘어서 나중에는 음식점을 차려도 될 정도의 내공을 가지게 된다. 그리고 그 모습을 스스로 대견해하며 서로 칭찬을 일삼기도 한다.

나의 덴마크 생활 첫 출발은 그러했다. 그렇게 적응해 가며 살아가는 와중에 아이까지 태어나게 되었다. 주위에 정보도 없었고 지금만큼 인터넷에서 넘쳐나는 정보를 흡수하는 것이 개인적으로 많이 낯선 때였기 때문에 이게 정말 사람이 사는 삶이 맞나 싶을 만큼 아이를 키우는 것이 쉽지 않았다. 남편이 출근하고 나면 혼자 아이를 돌보는데, 가족과 떨어져 외국에 살다 보니 잠시도 아이를 맡기기가 쉽지 않았다. 하루 종일 아이를 돌보고 나서 잠자리에 들면 이제 쉬겠구나 하지만 이 놈의 원수 같은 남편은 잘 때 옆에서 소리를 질러도 못 듣는다. 어쩔 수 없이 귀 밝은 내가 일어나 칭얼대는 아이를 달래고 다시 아침이 되는 일상이 반복되었다. 아이를 키워 본 부모라면 그 당시 아이에게 얼마나 많은 손이 가는지 알 것이다. 그렇게 남편은 도와주지도 않으면서 아이를 일찍 어린이집에 보내면 아이의 모국어가 외국어가 될 것을 우려하며 어린이집 웨이팅 리스트에도 올리지 않았다.

이곳의 부모들은 대부분 맞벌이를 하기 때문에 출산 휴가가 끝나면 회사에 빨리 복귀하기 위해서 빠른 사람은 임신하자마자 어린이집 '부게스투Vuggestue'에 이름을 올린다. 더군다나 근래에 덴마크는 - 지금은 조금 주춤해졌지만 - 베이비붐이 일면서 출산율이 많이 높아졌고 이로 인해 젊은 부부들이 많이 모여 사는 곳에는 어린이집, 유치원, 학교가 부족한 상황이다.

얼마 전, 한국의 2016년 합계출산율이 1.25명 정도로 OECD 회원국은 물론이고 전세계에서도 거의 꼴찌수준이라는 기사를 본 적이 있다. 일각에서는 여성들의 사회진출로 출산율이 떨어지는 것이라는 의견이 있기도 하지만 덴마크를 봤을 때 그 얘기는 설득력이 없어 보인다. 한때 덴마크도 한국처럼 저출산으로 골머리를 앓았었지만 여성 고용률이 세계에서 가장 높은 편에 속하는 덴마크는 오히려 출산율이 늘어 2016년 합계출산율이 1.69명 수준이다. 중요한 것은 여성의 고용률이 아니라, 엄마 아빠 모두 함께 일하고 함께 육아할 수 있는 사회적 분위기와 시스템이 아닐까.

다시 어린이집 이야기로 돌아와서 현재 우리가 사는 지역은 젊은 부부들이 많이 사는 곳이기 때문에 어린이집이나 유치원 자리를 빨리 얻고 싶다면 서둘러 아이의 이름을 올려야 하는데, 남편은 그 사실을 아는지 모르는지 아이의 모국어를 핑계로 아무것도 하지 않는 실정이었으니 내가 얼마나 속이 터졌겠는가! 물론 내가 직장 생활을 하는 사람이 아니어서 아이를 충분히 돌볼 수 있는 상황이긴 했지만, 어쩌다 연주 일정이라도 잡히면 아이를 맡길 곳이 없었기 때문에 아이와 함께 연습실로 출근했고, 아이는 하루 종일 내 피아노 소리를 듣고 있어야 했다.

요즘 한국에서는 산모들이 조리원을 이용하면서 그 안에서 또 하나의 작은 커뮤니티가 구성되는 것을 볼 수 있다. 서로 공통된 주제를 가진 데다 또래집단이 자연스럽게 형성되어서 정보교환도 쉽고 아이들이 같이 어울려 놀 수 있으니 더할 나위 없이 좋은 것 같다. 그리고 문화센터 같은 곳에서 운영하는 프로그램을 이용해 아이들이 간단한 놀이활동을 하는 것을 종종 접한다. 이곳의 부모들도 비슷하다. 조리원은 없지만 비슷한 시기에 아이를 출산한 사람들끼리 작은 모임을 만들어 유모차를 함께 끌며 산책을 하거나 집에서 모여 서로 정보를 교환하고 친목의 시간을 갖는다. 그리고 아이와 부모가 함께하는 수영 수업이나 체조, 교회에서 하는 베이비 성가 같은 프로그램을 이용한다. 하지만 정작 그 당시 나는 정보 부족으로 이런 프로그램을 이용하지 못했다. 모든 것을 혼자 감당했으니 지금 생각하면 참 무모했던 것 같다. 그래도 아이를 어린이집에 보내지 않기로 결정하고 난 뒤 다행히 주위에 한국에서 온 딸아이의 또래나 언니, 오빠들이 생겨서 어린이집 없이 약 3년간은 한국 친구들과 어울리게 했다. 덕분에 남편의 바람대로 딸은 더 자연스럽게 모국어를 익힐 수 있었다. 그러나 듣고 사용하는 한국어가 한정되어 있기 때문에 또래의 한국 아이들보다는 말도 늦게 트였고 지금도 표현력은 약한 편이다. 하지만 그렇게 했기 때문에 현재 아이 스스로가 모국어를 덴마크어가 아닌 한국어로 생각하고 있다. 그리고 두 가지 언어를 사용하기 위해 스스로 부단히 노력을 하고 있는 모습이 대견스럽기만 하다.

아무래도 유럽에 살다 보니 주위에서 다양한 언어를 사용하는 사람을 만나는데 그들도 자신의 아이들에게 그들의 모국어를 사용해 그 언어를 사용할 수 있도록 교육한다. 그리고 이를 중요하게 생각한다. 딸아이의 학교 선생님이 딸이 한국어를 할 수 있다는 것을 알고 난 후 나를 보고 아이에게 가장 큰 선물을 주었다고 말해 주었다. 그 선생님의 말처럼 모국어를 가르치는 것은 - 더군다나 외국에 살고 있는 경우에는 더더욱 - 아이에게 큰 선물을 하는 것이다.

벨 시어 두 Hvad siger du?

아이가 두 살 즈음 되자, 정말 아이를 유치원 웨이팅 리스트에 올려야 될 시점이라는 생각이 들었다. 그런데 한 가지 고민이 생겼다. 사실 내가 독일이나 스페인, 프랑스 같은 나라에 살고 있다면 그 나라의 언어를 배우면 언젠가는 사용할 수 있겠다는 생각에 별 고민 없이 로컬 유치원이나 학교에 아이를 등록했을 것이다. 그러나 덴마크어의 경우에는 사정이 다르다. 이 덴마크를 벗어나면 거의 사용할 일이 없는 것이 분명한지라 고민이 되었던 것은 어쩌면 당연한 일이었다.

'영어를 선택할 것인가? 덴마크어를 선택할 것인가?' 이렇게 저렇게 저울질도 해 보고, 주위에 조언을 구하며 고민을 하다 마침내 덴마크어를 시작해서 학교를 가도 괜찮을 것이라는 결론을 얻었고, 우리는 집 근처에 있는 로컬 유치원 3~4곳에 아이의 이름을 올렸다. 시간이 흘러 유치원에 갈 때쯤 드디어 전화를 받았다. 유치원에 자리가 있으니 그곳으로 오라는 것이었다. 마침 지인의 자녀도 같은 유치원에 다니고 있어서 우리는 특별한 고민 없이 그곳에 등록을 했다. 그렇게 우리 아이는 덴마크어를 한 마디도 하지 못한 채 유치원에 다니기 시작했다.

덴마크 생활 TIP

덴마크에는 덴마크어를 못하는 외국인을 위한 통역 서비스가 각 코뮨(덴마크의 구청이나 시청 같은 정부 기관)에서 제공되고 있다. 통역을 원하는 사람은 미리 신청을 하면 날짜에 맞춰서 통역자들이 나와 그들을 돕게 되는데, 별도의 비용은 들지 않는다. 반면 통역을 한 사람은 코뮨으로부터 일정의 돈을 받는다. 덴마크어를 포함한 두 가지의 언어를 구사할 수 있는 사람이라면 코뮨에 통역 도우미에 등록을 할 수 있고 신청자가 있는 곳에 시간이 맞으면 가서 통역을 도와주는 시스템으로 진행된다. 하지만 간혹 통역 서비스를 신청을 했는데 통역자가 나오지 않는 경우가 발생하기도 한다. 이 통역 서비스는 유치원, 학교뿐 아니라 병원에서도 받을 수 있어서 완벽하진 않지만 외국인의 불이익을 최소화하려는 덴마크 정부의 배려를 엿볼 수 있다.

유치원에 간 첫 날에는 배정 받은 반으로 가서 선생님과 이야기를 나누었다. 그 당시 통역 서비스가 있는지 몰랐던 터라 덴마크인 지인과 동행했다. 등록 당시, 선생님과 나는 서로에 대한 정보가 없었고 한국처럼 입학식 같은 것도 없었기 때문에 이야기가 길어지게 되었다. 유치원에 너무나도 가고 싶어 했던 아이는 교실 밖에서 마냥 기다릴 수가 없었는지 선생님과 이야기하고 있는 사이에 교실로 들어가 버렸다. 딸아이에게는 그곳이 신세계나 다름이 없었을 것이다. 다양한 장난감과 책들이 있었고, 교실의 다른 문은 바깥 놀이터와 연결이 되어 있어서 자유롭게 드나들며 놀 수 있었다. 마침 그날은 밖에서 비눗방울 놀이가 한창이었기 때문에 나의 말은 들리지 않았을 것이다. 다행히 선생님은 제지하지 않고 괜찮다며 그냥 놀게 두라고 하여 안도했던 기억이 있다.

그렇게 이야기를 하며 아이의 정보를 들은 선생님은 당황한 기색이 역력했다. 아이는 덴마크어도 못했고 영어를 할 수 있는 것도 아니었기 때문이다. 그나마 다행이었던 것이 기저귀를 떼었다는 것이었다. 이곳의 아이들은 보통 어린이집부터 시작해서 유치원에 가면서 기저귀 떼는 훈련을 하기 시작한다. 그렇기 때문에 만약 딸아이가 기저귀 떼는 훈련이 덜 되었다면 언어도 안 통하는 상황에서 선생님의 걱정도 이만저만이 아니었을 것이다. 서로 안도의 한숨을 쉬며 아이는 곧바로 유치원 적응 훈련에 들어갔다. 첫날은 선생님으로부터 필요한 준비물 - 여분의 갈아 입을 속옷과 옷, 양말, 비옷, 장화 - 리스트를 받고 아이들이 유치원에서 활동하는 것을 조금 지켜보는 것으로 마무리했다. 이튿날, 아이는 나와 함께 교실에서 2시간을 보냈다. 삼일째 되는 날엔 나는 사무실에서 기다리고 아이 혼자 2시간을 유치원에서 보냈고, 그 다음날부터 나는 데려다 주기만 하고 아이 혼자 엄마 없이 온전히 2시간을 보냈다. 생각보다 아이가 너무 적응을 잘해 주어 일주일 만에 오전시간을 채웠다. 오히려 더 놀고 싶어 해서 그 다음주부터는 도시락을 준비해서 오후 2시까지 시간을 늘려가며 유치원에 적응을 해 나갔다. 하지만 언어가 통하지 않아 애로 사항도 많았다. 기본적으로 화장실을 가는 의사표현만이라도 할 수 있도록 두 단어만 알려줬으니 오죽했겠는가!

처음에는 반의 개념도 없었는지 데리러 가면 이 반, 저 반에 가서 놀고 있어서 찾으러 다닌 적도 몇 번 있었다. 하지만 선생님은 아이가 잘 적응해서 놀고 있으니 괜찮다고 할 뿐이었다. 그렇지만 가끔은 아이를 데리러 간 나에게 기본 규칙을 한국어로 설명해 달라고 부탁하기도 했다. 예를 들어 밥을 먹을 때 식사 시간이 끝날 때까지 자기 자리에 앉아 있는 것이나 - 이곳의 아이들은 앉아서 밥을 먹도록 철저히 교육을 받는다 - 가지고 논 장난감은 제자리에 두는 것 등이었다. 자신들이 열심히 설명을 해도 아이가 못 알아들으니 선생님도 어쩔 수 없었으리라 생각한다.

한 번은 이런 일도 있었다. 유치원에서 동물원으로 투어를 갔다. 딸아이가 코끼리를 보고 무서웠는지 울기 시작했는데 대화가 통하지 않아 왜 우는지 알 방법이 없던 선생님이 몹시 난감했던 모양이다. 그때 나에게 간단한 감정표현의 언어를 좀 가르쳐 주었으면 좋겠다는 말을 하기도 했었다. 그 일이 있은 후 아이는 당분간 소규모로 가는 그룹 투어에서는 열외가 되어 안타까웠긴 했지만 유치원에 남아 다른 놀이를 또 즐길 수 있어서 크게 개의치는 않았다.

딸아이도 친구들과 자기가 사용하는 말이 다르다는 것을 인지했는지 한국어도 덴마크어도 아닌 이상한 자신만의 언어를 어설프게 혀를 굴리면서, 하지만 당당하게 선생님과 친구들에게 이야기했다. 그걸 보며 많이 웃기도 했고 기특하기도 했다. 그렇게 시간이 흐르자 모국어가 이미 잡혀 있어서 그런지 제법 짧은 시간 안에 자연스럽게 두 가지 언어를 구사하기 시작했다. 시간이 지나서는 친구들에게 한국어를 가르쳐 주기도 했다. 아마 대부분의 아이들이 그렇듯 유치원에서 놀다가 엄마를 보게 되면 아이들은 자연스럽게 "모아Mor(엄마)"라고 부른다. 딸아이 역시 유치원에서 나를 보면 "엄마" 하고 달려온다. 딸아이로부터 그 단어를 자주 듣다 보니 유치원의 다른 아이들도 익숙해졌는지 어느 날 내가 유치원에 갔더니 아이들이 "엄마"라고 하는 것이 아닌가! 간단한 단어이긴 하지만 역시 아이들의 습득력은 정말 놀랍게 느껴졌다.

다시 돌아가서, 아이가 이렇게 말도 안되는 말로 계속 대화를 시도했으니 아이가 가장 많이 들었던 말이 뭐였겠는가? 바로 "벨 시어 두Hvad siger du?(뭐라고?)"였다. 그 말을 하도 많이 듣다 보니 아이가 처음으로 내뱉은 덴마크어도 "벨 시어 두Hvad siger du?(뭐라고?)"였다. 무슨 의미인지도 모른 채….

한국 사람들이 영어를 처음 배울 때 "How are you?"라고 물으면, 자동으로 "Fine. Thank you. And you?"라는 말이 나오듯 우리 아이는 유치원에 들어가 친구를 만나면 자연스럽게 이렇게 대화를 했다.

딸 : 안녕Hej?
친구 : 안녕Hej?
딸 : 뭐라고Hvad siger du?
친구 : 안녕Hej.

그때를 생각하면 웃기기도 하지만 가슴이 저며 온다. 요즘 말로 표현하자면 '웃픈' 기억이다. 이처럼 언어가 통하지 않아 유치원 생활이 힘들었을 텐데 감사하게도 아이는 유치원에 가기 싫다고 얘기한 적이 단 한 번도 없었다.

지금은 예전보다 많아지긴 했지만 우리 동네는 그때만 해도 외국인들이 거의 없는 곳이라 유치원에도 부모가 모두 외국인인 아이가 없었다. 그래서 거의 모든 선생님이 우리 아이의 이름을 기억해 주었고, 아이를 픽업하러 갔을 때 자기 반이 아닌 다른 반에서 아이를 찾아야 하는 날도 많았지만 그 어떠한 선생님도 눈살을 찌푸리거나 나에게 불만을 토로한 적이 단 한 번도 없었다.

이렇게 아이의 유치원 생활은 시작되었고 이로 인해 나와 남편도 덴마크의 사회에 한걸음 더 들어가 그들의 문화를 조금씩 배워 나가게 되었다. 이제 본격적인 유치원 생활을 이야기하기에 앞서서 덴마크의 어린이집과 유치원의 시스템을 소개하도록 하겠다.

아이들의 천국, 덴마크 어린이집
부게스투 VUGGESTUE

　덴마크의 어린이집은 '부게스투Vuggestue'라고 한다. 보통 만 6개월에서 만 2세 혹은 3세의 아이들이 다니는데 만약 유치원에 자리가 있고 아이가 어린이집 생활을 지루해한다면 3살이 되기 전에 유치원으로 올라갈 수 있다.

　어린이집은 한 반에 10~12명의 아이들에 2명의 교사와 보조교사 1명으로 구성되어 있다. 3명의 교사가 모두 한 교실에 있는 경우는 드물지만, 최소 2명의 어른이 아이들을 돌보고 3명이 돌아가며 일하는 시간을 나눈다. 하루 7시간 이상 일하지 않도록 교대로 일을 하는 것이다.

　만약 어린이집에 자리가 없어서 아이를 못 보낼 경우에는 '데이플라이에Dagpleje'라는 곳에 아이를 맡길 수 있다. 교육을 받은 개인이 코뮨에 지원을 받아 집에서 운영을 하는데 4~5명 정도의 아이를 받을 수 있고 1~2명의 어른이 돌볼 수 있는 시스템이다. 일종의 가정 어린이집이라 보면 된다. 이곳에 있다가 어린이집에 자리가 나면 옮길 수도 있고 계속 이 시스템을 이용하다가 유치원에 갈 수도 있다.

　가끔 한국의 뉴스에서 어린이집의 아동 학대에 대한 기사를 접하곤 한다. 아이를 키워 본 사람이라면 모두가 공감하겠지만 아이를 돌보는 일은 육체적으로도 정신적으로도 정말 힘든 일이다. 다른 곳도 아니고 보육 기관에서의 아동 학대는 정말 심각한 일이고 그 교사의 자질도 의심할 여지가 없는 것이 맞다. 하지만 많게는 하루에 12시간씩 종일 아이들을 돌봐야 하는 한국의 어린이집 교사의 스트레스는 반드시 관리해 줘야만 한다. 교사가 반드시 쉬는 시간을 가질 수 있도록, 노동시간을 지킬 수 있도록 정부 차원에서의 구조적인 노력이 있어야 이러한 문제가 해결될 수 있을 것이다.

어린이집 전경
덴마크에서는 발코니나 야외에서 유모차에 아이를 눕히고 낮잠을 재우는 경우를 흔히 볼 수 있다. 이처럼 밖에서 재우는 것은 날씨 적응 훈련 중 하나이다.

어린이집 아이들의 투어
걷지 못하는 아이들도 예외 없이 유모차를 타고 모두 함께 산책이나 투어를 간다.

자연주의 덴마크 유치원
뵈어네헤우Børnehave

유치원 시스템

덴마크의 유치원은 '뵈어네헤우Børnehave'라고 한다. 만3세부터 만 7세의 아이들로 구성되어 있다. 대부분의 아이들은 만 6세가 되면 초등학교에 입학을 하게 되는데 아이의 생일이 늦어 키나 덩치가 작을 경우에는 부모의 선택에 따라 초등학교 입학을 미룰 수 있다. 어린이집과 유치원은 한 건물에 같이 붙어 있도록 설계되어 있어서 어린이집에서 유치원으로 넘어가는 시기가 자유롭게 조절이 가능하도록 되어 있고 아이들의 적응도 비교적 수월한 편이라고 할 수 있다.

유치원은 한 반에 23~25명의 아이들이 있고, 2명의 교사와 1명의 보조교사로 구성되어 있는데 한국과 다르게 남자 선생님도 많다. 앞에서 말한 것처럼 아이들의 숫자가 늘면서 어린이집과 유치원이 부족해졌고, 보통 15~20명 정도였던 각 반의 수용인원이 늘었다. 어린이집과 유치원은 주중 오전 7시~오후 5시까지 아이를 맡길 수 있으며 공휴일 외 방학 동안(여름, 가을, 겨울 방학)에도 신청자에 한해 아이를 맡길 수 있다. 이는 어린이집도 동일하다. 코펜하겐에서 조금 떨어진 로스킬데라는 도시에서는 코펜하겐으로 출근하는 부모들을 위해 오전 6시부터 아이들을 맡길 수 있는 곳도 있다.

어린이집과 유치원은 한국처럼 무료는 아니다. 하지만 소득별로 비용에 차등을 두었고 저소득일 경우에는 무료이기 때문에 소득이 없어서 못 보내는 경우는 없다. 대부분의 유치원은 코뮨에서 운영하는 국립 유치원이기 때문에 각 코뮨의 지원금이 있다. 그리고 그 나머지를 학부모가 부담하기 때문에 소득별로 유치원비를 내는 것이 가능하다고 할 수 있다. 사립 유치원 역시 코뮨의 지원이 있다. 다만 코뮨 지원이 국립보다 적기 때문에 개인 부담이 조금 더 클 수 있는데 실질적으로 국립과 비교해도 그렇게 많이 차이 나지는 않는다. 그리고 그런 관리는 유치원 내 행정실에서 이뤄지기 때문에 교사들은 지원금에 대해 알 수 없다. 선생님은 아이들에게만 집중할 뿐이다.

이곳의 유치원은 각자 집 근처에 있는 유치원에 아이들을 보낼 수 있는 시스템이기 때문에 한국처럼 아이들의 등하교를 위한 서틀 버스는 없다. 서틀 버스가 없기 때문에 만약 유치원에서 멀리 떨어져 있는 미술관이나 박물관 같은 곳에 투어를 갈 경우에는 대중교통을 이용하거나 코뮨에서 버스를 지원 받곤 한다. 물론 유치원에 버스(미니 버스)가 있다면 선생님 중 한 명이 운전을 해서 가기도 한다. 투어를 위해 아이들이 버스나 유치원 내 자전거를 타야

할 경우에는 아이들이 버스나 자전거를 타도 되는지에 대해 먼저 부모들의 동의를 받는다.

1년에 2번의 반별 학부모 회의와 2번의 개별 상담이 있다. 대체로 반별 학부모 회의 때에는 유치원 프로그램에 대한 건의사항이나 아이디어를 제공하고, 개별 상담 때에는 아이가 유치원 생활에 잘 적응하는지, 친구들과 잘 어울리는지에 대해 이야기를 하는 편이다. 유치원에 행사나 일이 생겼을 경우에는 별도로 회의를 열어 부모님들을 소집하기도 한다.

생일파티는 한국과 달리 개별적으로 몇 명만 초대할 수 없다. 반 전체를 다 초대하거나 남자아이들과 여자아이들을 나눠서 파티를 한다. 부모들이 교사와 상의 후 음식을 가져가서 유치원에서 파티를 하거나 집으로 선생님과 아이들 모두를 초대하기도 하고, 다른 특별한 장소를 택해 주말에 파티를 할 수도 있다. 생일 파티의 이야기는 뒤에서 자세히 다루도록 하겠다.

한 반에 다양한 연령대의 아이들을 섞어서 반을 구성하기 때문에 종종 나이별로 그룹을 나눠서 활동을 하게 된다. 예를 들어 3~4세, 4~5세, 5~6세 그룹을 각각 '미니mini(작은), 멜렘mellem(중간의), 맥시maxi(큰)'라고 칭한다. 이 그룹들은 따로 활동을 하기도 하고 다 같이 하기도 한다. 특히 5~6세 그룹은 학교 가기 전의 아이들이기 때문에 유치원 전체에서 이 그룹을 별도로 모아 활동을 한다. 이때 아이들은 학교에 갈 준비를 조금씩 하게 된다. 이처럼 유치원의 각 반은 다양한 나이의 아이들로 구성이 되어 있기 때문에 큰 아이들 은 자신보다 어린 아이들을 도울 수 있도록 교육 받고 서로 도와가 며 활동을 한다. 특히 반 전체가 투어를 갈 경우에는 맨 앞, 중간, 맨 뒤에 선생님이 한 분씩 계시고 큰 아이와 어린 아이들이 짝을 지어서 서로 보호할 수 있도록 하게 되어 있어서 대체적으로 질서 정연하게 움직이며 서로의 안전에 신경을 쓰도록 하고 있다.

덴마크에서는 이처럼 유치원 때부터 공동체 생활을 잘할 수 있도 록 역할을 나누고 돕는 것을 배운다. 물론 혼자서도 잘 생활할 수 있도록 독립심을 키우는 교육도 받는다. 따라서 기본 규칙을 정하 고 그 규칙대로 행동하는 것이 상당히 중요하다.

딸아이의 유치원 전경
유치원 마당에는 놀이터가 있는데, 자전거의 나라답게 많은 자전거가 세워져 있다.

식사 및 부대 비용
유치원마다 차이가 있지만 우리 아이의 유치원은 집에서 도시락을 준비해 가야 했다. 도시락을 유치원에 비치되어 있는 냉장고에 넣어 두었다가 점심시간에 교실로 가져와 자유롭게 점심시간을 갖는다. 이렇게 유치원에서 점심이 나오지 않을 경우에는 유치원비에서 식비가 제외되고, 오후 2시에 간단한 빵과 과일, 우유 등의 간식이 제공된다. 이와 반대로 점심이 제공되는 유치원은 간식을 집에서 준비해서 가야 하고, 유치원비에 식비가 포함된다. 아침 일찍 7시에 유치원에 오는 아이들을 위해서는 별도의 비용 없이 간단한 아침을 준비해 주기 때문에 아이들이 아침을 굶고 하루를 시작하지 않을 수 있다. 이곳은 유치원비 외에 추가되는 금액은 없다. 견학을 갈 때도 마찬가지이다. 학용품이나 부속품 구입비 같은 것도 없다. 가끔 만들기를 위해 필요한 휴지심, 패트병, 유리병 정도가 준비물의 전부이다.

가끔 특별히 필요한 물건이 있을 때 준비를 하게 되는데, 크리스마스 달력인 '율레 칼렌더Jule Kalender'가 대표적인 예이다. 이곳의 아이들은 크리스마스 시즌이 되면 24일 전까지 하루에 하나씩 작은 선물을 받는 전통이 있어서 해마다 크리스마스 시즌이 되면 부모들이 5,000원 내외의 금액 안에서 해당하는 선물을 하나씩 준비해 온다. 그러면 선생님이 교실 천장에 선물을 매달고 아이들은 하루씩 돌아가며 선물을 뜯는다. 이때 필요한 물건의 리스트를 선생님이 기록해 두면 부모들은 그것을 참고해 선물을 준비해 간다.

아, 만약 유치원에 소파가 필요하다면 가끔 이런 문구는 볼 수 있다.

'교실에 있는 소파가 낡아서 바꿔야 할 것 같은데 혹시 각 집에서 사용하지 않는 소파가 있다면 선생님에게 알려달라.'

덴마크 생활 TIP

덴마크는 EU 국가이지만 유로가 아닌 덴마크 크로네(DKK)를 사용한다. 환율은 1,000원에 5~6크로네 정도이다. 맥도날드 빅맥 세트의 가격은 65크로네, 한화로 13,000원 정도이고, 길거리에서 파는 핫도그가 50크로네, 한화로 10,000원 정도다.

픽업 시스템

지금은 전산화가 되어서 디지털로 바뀌는 추세이지만 우리 아이가 유치원을 다닐 때만해도 아날로그식이었다. 각 교실 앞에 노트가 있고 아이들의 이름이 쭉 적혀 있었다. 몇 시에 유치원에 왔는지 몇 시에 데리고 갈 것인지를 부모들이 각자 적어야 한다. 만약 아이를 데리러 오는 사람이 부모가 아닐 경우에는 누가 데리러 오는지를 적어서 아이가 안전하게 돌아갈 수 있도록 확인한다. 그리고 아이를 데리러 갈 때 아이가 갔다는 의미로 줄을 길게 그어 표시를 해야 한다. 선생님은 그 노트와 교실 혹은 놀이터에 있는 아이들을 체크해서 아이들의 행방을 수시로 파악한다.

선생님은 이 노트에 퇴근하기 전 사진을 첨부하거나 그림을 그리기도 하며 각자의 개성에 맞게 하루 일과를 적어 놓는다. 필요한 준비물이나 투어 일정이 있으면 적어 놓아서 부모들이 차질 없이 아이들의 가방이나 날씨에 맞는 옷을 준비할 수 있도록 한다. 부모들이 선생님을 못 만나고 가더라도 문제가 발생하지 않도록 하는 것이다.

픽업 노트

유치원 교사도 한 사람의 노동자로서 각자의 노동시간만 채우면 되기 때문에 일찍 출근한 선생님은 일찍 퇴근하고, 늦게 출근한 선생님은 늦게 퇴근한다. 유치원 오픈 시간이 7시이기 때문에 교사들의 시간표가 따로 있어서 그 시간표대로 움직인다. 아무래도 7시부터 아이들이 오는 경우는 많지 않기 때문에 한두 교실만 오픈해서 아이들을 한곳에 모아 돌보고, 9시 이후에는 각자 교실로 돌아가서 활동하다가 부모들이 데리러 오는 시간에 맞춰서 집에 가면 된다.

유치원은 학교처럼 끝나는 시간이 정해져 있지 않기 때문에 부모들이 데리러 오는 시간이 곧 끝나는 시간이다. 주로 오후 2시 정도면 공식적인 유치원 프로그램은 끝나고 아이들은 부모가 올 때까지 친구들, 선생님과 함께 논다. 부모들도 3~4시 사이에 아이들을 대부분 데리고 가서 5시까지 남아 있는 아이들이 많지는 않다. 이때에도 아침과 마찬가지로 아이들을 한두 곳에 모아서 돌보게 된다. 각 교실에서 마지막으로 퇴근하는 선생님이 간단하게 청소를 하고 남아 있는 아이들을 모아서 돌본다. 부모들은 교사 시간표에 따라서 마지막까지 남아있는 선생님의 반으로 아이들을 데리러 가면 된다.

이런 시스템이기 때문에 선생님에게 묻지 않아도 노트를 활용하여 유치원에서 아이들이 무엇을 하며 보냈는지를 쉽게 알 수 있다. 선생님과 부모들이 각자 유치원에 있는 시간이 다르기 때문에 보다 효과적으로 정보를 공유하기 위해 이런 노트를 활용하는 것이다.

수업

딸아이의 유치원은 프로젝트가 많은 곳 중 하나였다. 하나의 주제를 정해서 짧게는 2, 3주 길게는 한달 정도의 시간을 이용해 다양한 활동들을 한다.

예를 들어 '바다'를 주제로 프로젝트가 시작된다면 유치원은 점점 바다로 변해 간다. 선생님과 아이들이 함께 바다에 관련된 것들을 다양한 재료로 만들어서 유치원 복도를 바다 터널로 꾸며 놓기도 하고 유치원의 모래 놀이터에 며칠 동안 땅을 파고 모래를 쌓고 하면서 거대한 고래를 만들기도 했다. 그리고 바다에 관련된 자료와 영상물을 이용해 바다에 대해 배우게 되는데 호기심 많은 우리 아이들은 궁금한 것이 많으니 질문도 많았다. 아이를 데리러 갔다가 우연히 선생님이 다음 날을 위해 영상을 준비하는 것을 보았다. 만약 우리였다면 홀로 조용한 곳에 가서 준비를 하고 있었을 텐데 이 선생님은 그렇게 하지 않았다. 선생님은 아이들과 함께 앉아서 서로 이야기를 나누며 어떤 영상이 더 좋은지 아이들에게 물어봤고, 아이들도 함께 보면서 준비하고 있었다. 그 모습을 보면서 참 신선하다는 생각이 들었다.

어느 날은 교실 창문에 음식 리스트가 붙여져 있었다. 참치, 맛살, 생선 너겟 같은 바다에서 나오는 음식들이었다. 각자 원하는

해저 터널로 꾸며 놓은 유치원 복도

아이들이 유치원 놀이터의 모래로 고래를 만드는 사진

곳에 체크를 해 음식들을 가져오면 아이들이 음식을 먹으면서 바다를 배우는 것이다. 이렇게 다양한 접근 방법을 통해 아이들은 바다를 배우게 된다. 이런 프로젝트가 끝이 나면 설문조사 종이를 학부모에게 나눠준다. 아이들이 이 기간 동안 배운 것을 기억하는지 혹은 집에서 이와 관련된 이야기를 자주 하는지 등을 조사해서 피드백 시간을 갖는 것이다.

유럽은 다른 대륙들보다 민주주의의 역사가 긴 만큼 유치원에서부터 아이들이 자연스럽게 민주주의를 접하는 것을 볼 수 있다. 딸아이의 유치원에서 실시했던 프로젝트 중에 '덴막 룬트Danmark rundt(덴마크 돌아보기)'라는 게 있었다. 이 프로젝트를 수행하는 동안 아이들은 자신들의 의견을 내고 투표를 하면서 다수결의 원칙을 배워 나갔다.

'덴막 룬트'에 관해 좀 더 구체적으로 설명하자면 이렇다. 우선 덴마크를 대표하는 여러 장소 중 아이들이 가고 싶은 곳에 각자 투표를 한다. 표가 많이 나오는 순서대로 장소 몇 곳을 택한다. 그렇게 정한 견학 장소를 아이들은 한 달 동안 견학하게 된다. 그 과정에서 덴마크에 대해 배우는 시간을 갖는 것이다. 그리고 덴마크를 대표하는 음식들 중 아이들이 먹고 싶은 것에 투표해서 표가 제일 많이 나온 음식을 선생님들이 준비하고, 그 음식을 점심시간에 함께 먹으며 자연스럽게 덴마크 음식에 관해서도 배우게 된다.

한편, 앞서 말한 것처럼 반별로 학교 입학을 앞둔 5~6세 아이들을 따로 모아 유치원 전체에서 큰 그룹을 만드는데 이때 하나의 전통처럼 아이들이 한 곳에 모여 그룹 이름을 정한다. 아이들은 저마다 다양한 의견을 내고 원하는 것에 투표를 한다. 그리고 다수결의 원칙에 따라 제일 많은 표를 얻은 이름을 따서 그 그룹으로 불리게 된다. 우리 아이의 전 해에는 '해적'이었고, 우리 아이가 그 그룹이 되었을 때의 이름은 '다이아몬드'였다. 그 후로 선생님이 '다이아몬드가 이런 것을 했다'라고 말을 하면 부모들은 제일 큰 그룹을 지칭하는 것이구나 하고 알아차리게 된다. 아이들은 이렇게 스스로 선택하고 투표하면서 민주주의를 배워 나간다.

Grim 형제의 동화에 관련된 프로젝트도 기억에 남는다. 그 때는 각 교실마다 대표작을 정해서 작품의 내용에 따라 선생님과 아이들이 교실을 꾸미고 다양한 방법으로 동화를 체험했다. 우리 아이의 반은 '용감한 꼬마 재봉사'라는 동화를 선택했다. 동화 내용 중 재봉사가 파리를 한 번에 7마리를 잡은 것에 착안해서 아이들이 한 번에 7개를 잡을 수 있는 것을 다양하게 찾았다. 그렇게 해서 만든 놀이를 하며 그 동화를 알아가게 했다. 여자 아이들이 좋아하는 페이스 페인팅도 빠지지 않았다. 우리딸의 얼굴에는 파리 7마리가 그려졌다.

재미있는 점은 꼭 자신의 반에서만 활동을 해야 하는 것이 아니라는 것이다. 익숙한 자신의 반에만 있는 아이들도 있지만 반마다 다른 동화를 선택했기 때문에 자유롭게 본인들이 원하는 반에 가서 참여할 수 있다. 우리 아이 역시 자기 반에만 머물러 있지 않았다. 그림을 그려 보고 싶어서 다른 반에 가서 활동을 했다는데 앞치마와 퍼즐 위에 그려진 그림들을 보니 '헨젤과 그레텔'이었다. 이렇게 아이들은 게임도 즐기고 만들기 또는 연극을 통해 Grim 형제의 동화 프로젝트를 진행했다.

앞치마와 퍼즐 위에 그려진 헨젤과 그레텔 그림

나에게는 조금 충격적이었던 미디어 프로젝트도 기억에 남는다. 유치원 곳곳에 다양한 미디어 기기들을 놓고 아이들이 접할 수 있도록 했던 프로젝트이다. 컴퓨터부터 시작해서 TV, 비디오, 아이패드, 게임기, 라디오, 오디오 등 각종 미디어 기기들이 비치되어 있었다. 아이들은 본인들이 원하는 곳에 가서 즐기다 보니 게임기 앞은 항상 아이들로 복잡했다. 개인적으로 게임이나 미디어를 좋아하지 않는 나로서는 이 프로젝트는 충격 그 자체였다.

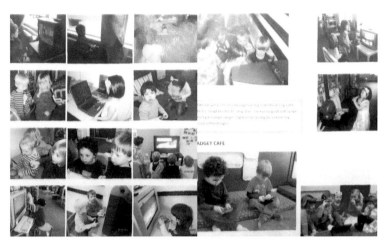

미디어 프로젝트 당시의 아이들 모습을 담은 유치원 활동 책자

다른 하나, 해마다 6월이 되면 유치원에서는 한국의 운동회처럼 올림픽을 한다. 이때는 각 반마다 응원가도 만들고 자신이 직접 그림을 그린 흰 띠나 흰 모자를 쓰고 경기에 참여하고 응원을 한다. 그래서인지 이 시기의 아이들은 반별 결속력이 대단한 것을 느낄 수 있다. 경기는 다양하게 반별로 이루어지는데 예를 들면 발란스 자전거를 타는 릴레이 경기, 볼링처럼 페트병을 쌓은 뒤 공을 던져 많이 쓰러뜨리는 경기, 컵에 물을 담아 흘리지 않고 다른 통에 옮기는 경기 등 아이들의 수준에서 재미있게 즐길 수 있는 것들이다. 비가 아주 많이 내리지 않는다면 대부분 유치원 야외 놀이터에서 경기가 진행된다. 그리고 반 별로 점수를 매겨서 마지막 날에 그해의 우승반은 트로피를 받아 1년 동안 교실에 진열해 둔다.

유치원 벽에 붙여 놓은 올림픽 활동 사진들

　이런 프로젝트가 없는 날은 그림을 그리거나 만들기를 한다. 우리 아이는 바느질을 이용해 가방, 필통, 쿠션 커버 같은 것들을 만들기도 했다. 난 그만할 때 바느질을 못했었던 것 같은데 말이다. 이곳은 위험하다고 못하게 하는 것이 아니라 안전하게 할 수 있는 방법을 알려주어 아이가 체험을 해 볼 수 있도록 장려한다. 요리할 때 칼을 사용하는 것도 마찬가지이다. 무조건 안 된다고 하는 것이 아니라 안전하게 사용해서 할 수 있게 한다. 그래서 나중에는 유치원에서 음식을 만들거나 간식을 준비할 때 아이들이 선생님과 함께 감자를 깎거나 오이 같은 것을 썰면서 도우미 역할을 하기도 한다.

또 유치원에 있는 장난감을 이용해서 친구들과 놀고 의상들을 입으며 - 공주 드레스나 다양한 동물 옷들이 유치원에 있어서 원하는 옷을 입으며 놀 수 있다. 만약 한 옷을 가지고 서로 입겠다고 한다면 시간을 정해 돌려 가며 입을 수 있도록 한다 - 역할 놀이에 빠지기도 한다. 그리고 놀이터에서 신나게 뛰어 논다. 그렇다고 해서 마냥 뛰어 놀기만 하는 것은 아니다. 보드 게임 같은 것을 이용해서 알파벳과 숫자를 익힌다. 놀이를 통해 익히기 때문에 무조건 해야 하는 것도 없고 잘 못한다고 해서 기가 죽을 일도 없다. 자신의 의지에 따라 필요하면 하는 것이다. 또한 매주는 아니지만 보통 금요일이면 집에서 장난감을 하나씩 가지고 와서 놀기도 하는데 그날을 '라이초이스 데이Legetøjs Dag(장난감의 날)'라고 부른다.

어느 날 아이를 데리러 갔더니 선생님이 아이가 밖에 있다고 알려줬다. 한쪽에서 열심히 줄넘기 연습을 하고 있었다. 유치원에서 줄넘기를 접한 후 잘하기 위해서 연습을 하고 있는 것이었다. 책 읽기를 좋아하는 아이들은 교실에서 책 읽기에 열중이다. 물론 글을 모르니 혼자서 볼 땐 거의 그림만 본다. 내용이 궁금하면 아이들은 책을 가지고 선생님께 간다. 그럼 선생님이 책을 읽기 시작하고 그러다 보면 아이들이 옹기종기 모여 선생님의 이야기에 귀를 기울인다.

대체적으로 아이들은 자유롭게 자신이 원하는 놀이 활동을 한다. 물론 다 같이 해야 하는 것들도 있긴 하지만 그런 프로그램들은 앞에서도 말했다시피 오전 9시 30분부터 시작해서 오후 2시가 되면 끝이 나기 때문에 아이들의 자유로운 활동이 가능하다.

우리 아이가 다녔던 유치원에는 '5~6세 그룹Maxi'(학교 준비반) 아이들이 5, 6월 사이에 금요일 오후 5시부터 토요일 오전 10시까지 하룻밤을 유치원에서 자는 프로그램이 있었다. 반마다 조금씩 다른데 딸아이의 반은 유치원 놀이터에서 텐트를 치고 자는 전통을 가지고 있었다. 나는 당연히 강당이나 교실에 모여서 잔다고 생각하고 얇은 잠옷을 챙기려고 했더니 딸아이가 난리를 쳤다.

"엄마! 선생님이 두꺼운 잠옷을 준비하라고 했어요." 선생님께 확인해 봤더니 딸의 말이 맞았다. 밖에서 자기 때문에 두꺼운 잠옷을 챙겨 오라고 했다. 그래서 다시 두꺼운 겨울 잠옷을 챙겼던 기억이 있다.

침낭과 바닥 깔개, 잠옷, 인형, 세면 도구를 챙겨서 금요일 오후 5시에 아이들이 다시 유치원으로 모인다. 친구들과 함께 잔다는 것과 저녁을 먹은 뒤 아이스크림, 젤리, 초콜릿을 받을 수 있다는 것에 신이 난 아이들은 저마다 얼굴에 설렘이 퍼져 있다.

덴마크 생활 TIP
보통 덴마크 아이들은 금요일 저녁에 디즈니 방송을 보며 달콤한 젤리나 초콜릿 같은 것들을 먹을 수 있다. 평일에는 잘 먹지 못하고 금요일 오후나 생일에 먹는다.

그렇게 하룻밤이 지나고 부모들은 토요일 아침이 되면 아침밥을 챙겨서 아이들을 데리러 간다. 늦게까지 떠들고 놀다가 잠든 아이들은 하나같이 일찍 일어나 피곤한 얼굴로 창문을 내다보며 엄마 아빠가 언제 올지 기다린다. 부모들이 한두 명씩 들어오기 시작하면 엄마 아빠를 찾아가 안기는 아이들, 그동안 잘 참고 재미있게 시간을 보냈다가도 아직 오지 않은 부모를 기다리며 눈물을 글썽이는 아이들이 보인다. 그런 아이들을 보며 부모들은 복합적인 감정을 느끼게 된다.

그렇게 서로 아침 인사를 마치고 모여 앉아 준비해 온 아침을 먹으며 유치원에서 밤새 있었던 이야기를 나눈다. 그리고 대략 9, 10개월 전에 이 반에 처음 들어와서 그린 자기의 얼굴 그림 - 이 그림에는 당시 키와 몸무게가 적혀 있고, 유치원 벽면에 붙여 놓는다 - 을 가져와서 그 동안 얼마나 자랐는지 다시 체크를 한다. 그리고 자라난 키와 늘어난 몸무게를 그 그림 밑에 적어서 집으로 가져간다. 자기가 얼마나 자랐는지 본인도 확인할 수 있도록 말이다. 마치 이제 학교에 갈 어린이가 되었다고 준비시켜 주는 느낌이다. 이 기억이 소중한 추억으로 남아 있는 딸아이는 이 때의 일을 지금까지 종종 말한다. 너무 신나고 좋았다고 말이다.

유치원에서 디즈니 만화나 어린이 영화를 종종 본다. 유치원 전체 아이들이 모여서 볼 경우에는 유치원 내에 있는 실내 체육관 및 강당 같은 곳에서 보고, 반별로 비디오 시스템을 가지고 와서 보는 경우도 있다. 만화나 영화가 보기 싫은 경우에는 나와서 다른 놀이 활동을 해도 괜찮다.

어느 날, 아이가 한국에서 사 온 디즈니 만화 중 하나를 유치원에 가져가고 싶다고 했다. 선생님과 친구들이랑 같이 보고 싶다고 말이다. 한국에서 구입한 것이기 때문에 덴마크어 지원이 전혀 안 되는데도 가지고 간다고 해서 잠시 고민했지만, 일단은 그렇게 하라고 했다. 영어 버전이라도 볼 수 있으니 말이다. 그런데 그날 아이를 데리러 유치원에 갔을 때 나는 놀라지 않을 수가 없었다. 아이들과 선생님이 올망졸망 모여서 모두들 알아듣지도 못하는 한국어 버전으로 영화를 보고 있는 것이 아닌가! 물론 디즈니 만화라서 많은 아이들이 그 내용을 알고 있었겠지만 나에게는 다소 충격이었다.

그리고 싸이의 '강남 스타일'이 히트를 쳤을 당시에는 라디오와 각종 파티 때마다 이 노래가 빠지지 않았다. 유치원에서조차도 이 음악에 맞춰 아이들이 춤을 췄으니 그 인기는 가히 대단했었다. 학부모들도 '강남 스타일'이 무슨 뜻이냐며 묻기도 했으니 말이다. 호기심 많은 아이들과 선생님들은 이처럼 새롭고 생소한 언어에 무척이나 흥미를 보였다.

안타깝게도 유럽 사람들은 우리가 생각하는 것보다 훨씬 더 많이 한국에 대해 잘 모른다. 내가 처음 독일에서 어학원을 다녔을 때 한국인, 중국인, 일본인이 같이 앉아 있으면 떨어져 앉으라고 했다. 유럽인들은 서로 가까이 붙어 있는 나라들 - 예를 들어 독일과 네덜란드, 스페인과 포르투갈, 덴마크와 스웨덴과 노르웨이 등 - 끼리는 언어가 비슷하기 때문에 완벽하지는 않아도 서로 의사소통이 가능하다. 그래서 이들은 한국, 중국, 일본이 지리적으로 가까이 있는 나라이기 때문에 서로 의사 소통이 좀 더 편할 거라고 착각을 했던 것이다. 내가 독일 학교에서 한 중국인 아이와 이야기를 하고 있을 때에도 지나가는 한 선생님이 둘이 무슨 언어로 이야기를 하냐고 물었던 적이 있었다. 우리가 "당연히 독일어"라고 하면 상대방은 "왜?" 이런 반응이었다.

심지어 삼성, 현대는 알고 있어도 그것이 한국 회사라는 것은 모르는 경우가 많다. 그만큼 한국이라는 곳이 이들에게는 낯설기만 하다. 그런 분위기에서 거부감 없이 자연스럽게 새로운 뭔가를 받아들이는 그들의 모습이 신기하면서도 한편으로는 부럽기도 했다. 서로 다름을 틀림으로 보지 않고 다름을 인정하고 자연스럽게 안고 가는 모습은 감동적이기까지 했다.

자연활동
숲이나 공원, 농장, 동물원에도 자주 간다. 그 중에서도 아이들은 유치원 근처에 있는 숲과 농장을 자주 갔다. 숲에서 뛰어 놀고 숲에 살고 있는 새들을 보며 이름을 익히고 나무와 꽃과 풀에 대해서도 배웠다. 가끔씩 열매를 채취해서 같이 쨈을 만들기도 하고, 먹으면 안 되는 열매, 만지면 안 되는 풀들, 이런 것들도 배웠다.

농장에서는 닭이나 염소, 말들에게 먹이를 주기도 한다. 하루는 유치원에서 닭으로 만든 음식을 소개하면서 전문적으로 닭을 잡는 사람이 유치원을 방문해서 닭을 잡았다(물론 사전에 닭을 잡아서 해부를 할 텐데 아이가 봐도 되는지에 대한 동의를 먼저 구했다). 그리고 나서 닭의 여러 부위들을 만지고 싶어하는 아이들은 만질 수 있게 해주었다. 아이들은 이런 식으로 닭에 대해 공부했다. 그리고 선생님이 닭 요리를(잡은 닭이 아닌 요리용으로 구입한 닭으로) 해서 다같이 점심을 먹었다. 내 생각에는 닭을 해부하는 것을 지켜보는 그 순간이 아이들에게 엄청 힘들었을 것 같은데 아이들은 아니었나 보다. 무척이나 신기해했다. 심지어 우리 아이는 만져 보았던 닭머리가 너무 부드러워서 그 머리를 집에 가지고 가고 싶다고 말했을 정도다. 이러한 해부는 종종 일어나는 일인데 딸의 친구는 학교에서 꿩을 해부했을 때 그 일부를 실제 집으로 가지고 갔다고 한다.

한 번은 덴마크가 국제사회에서 많은 비난을 받은 적이 있었는데 기린 '마리우스'의 문제였다. 2014년 2월 코펜하겐 동물원에서는 18개월 된 기린 '마리우스'를 살처분하고 그 기린의 고기를 사자 등에게 먹이로 주었다. 그리고 이에 대한 비난이 쏟아졌다. 코펜하겐 동물원에서는 유럽동물원협회(EAZA)에서 엄격하게 개체 수를 규정하고 있는데 한 마리가 초과되었기 때문에 그런 일을 감행한 것이었다.

물론 우리도 기린의 죽음은 안타깝게 생각하였지만 우리 아이가 유치원에서 받았던 교육을 생각하니 이것이 바이킹의 교육이 아닐까 싶기도 했다. 뭐가 맞는지는 잘 모르겠지만 장단점이 있으리라 생각한다.

어느 날 아이를 픽업하기 위해 유치원에 갔는데 선생님이 나에게 오더니 아이가 원하는 크리스마스 선물이 있다고 하셨다. 들어보니, 오 마이 갓! 그것은 다름아닌 마우스! 쥐였다.

그 당시 유치원의 수업 주제가 '쥐'에 관한 것이었다. 유치원에서는 그 주제에 맞게 아이들과 가까운 자연센터에 가서 쥐를 관찰하고 그곳에서 2~3마리를 며칠 동안 빌려 왔다. 아이들은 쥐에게 먹이도 주고 관찰을 하며 쥐에 대해 배우고 있었다. 그러면서 솔방울을 이용하여 쥐를 만들고 자신의 판타지로 쥐를 그리는 활동도 했었다. 그런 활동으로 쥐와 정이 들었는지 선생님께 선물로 받고 싶다고 이야기를 했던 모양이다.

어느 날은 유치원 창문에서 거미가 나타났다. 아이들은 선생님을 불렀고 선생님은 재빨리 휴지나 잡을 무언가를 가져오는 게 아니라 하얀 A4용지를 들고 와서 그 종이 위에 거미를 올려 놓았다. 아이들은 모여들기 시작했고 선생님은 돋보기를 재빨리 비춰서 아이들에게 거미의 다리 개수와 몸통에 대해 서로 얘기하게 했다. 그리고 나선 그 거미를 창 밖으로 돌려보내 주었다.

이뿐만이 아니다. 아이들은 투명한 플라스틱 박스에 나뭇잎이나 가지를 이용해 집 같은 것을 많이 만들곤 한다. 무당벌레나 비가 오면 밖으로 나오기 시작하는 달팽이들을 잡는 데 쓸 집이다. 호기심 많은 아이들은 곤충들이 잘 있는지 확인하며 그 박스에서 떠나질 않는다. 어느 날은 딸아이가 친구와 놀다 지렁이를 발견하였던 모양이다. 친구와 함께 심각하게 지렁이를 보며 이야기를 하더니 선생님을 부르며 급하게 뛰어 들어갔다. 손바닥에 올려가지고 온 지렁이를 보니 이미 죽어 있었다. 그 사실을 몰랐던 아이들은 선생님께 지렁이에게 피가 나니 밴드를 붙여 달라고 했다. 당황한 선생님과 나는 아이들의 황당하지만 귀여운 행동에 한참을 웃었다.

한국에 식목일과 비슷한 시기인 4월이 되면 유치원에서는 해마다 '식물의 날(플랜트 데이)'을 정한다. 이때 각 가정에서 식물을 하나씩 가져오게 한다. 아이는 가져온 식물에 자신의 이름을 붙여 유치원 화단에 심는다. 이렇게 유치원도 봄을 맞을 준비를 한다. 아이들은 이름이 붙여진 자신들의 식물에 물을 주고 자라는 것을 관찰하며 뿌듯함을 느끼기도 한다. 우리 아이도 식물에 꽃이 피면 나에게 말하고는 했었다. 자신의 나무가 꽃이 펴서 너무 예쁘고 기분이 좋다고 말이다. 그리고 부활절이 다가오면 씨앗을 뿌린 허브 화분을 집으로 가지고 와서 열심히 물을 준다. 요즘은 조금 자랐다고 이런 것을 안 만드니 살짝 허전한 것도 사실이다.

딸아이가 플랜트 데이에 심은 화분 　 부활절에 씨앗을 심어서 기른 허브
허브에 싹을 틔우며 아이는 매우 만족해했
고, 나는 그 허브를 종종 음식에 이용했다.

몸이 불편한 아이들이 가는 특수 유치원이나, 숲이나 공원 같은 야외에서 주로 활동하는 숲속 유치원도 있다. 요즘엔 한국에서도 숲 유치원이 많이 생겨나고 있고, 인기가 많다는 소식을 들은 적이 있다. 덴마크의 숲속 유치원은 말 그대로 밖에서 활동하기 때문에 실내 공간은 아예 없거나 아주 작은 경우가 많다.

지역마다 조금씩 차이가 있는데 아무래도 숲에 가까이 있는 지역들은 한 곳에 집합해 숲으로 가고, 좀 떨어져 있는 곳은 버스가 일정한 시간이 되면 유치원 앞으로 온다. 출석 체크 후에 아이들은 버스를 타고 떠나고, 버스가 돌아올 시간에 맞춰 온 부모들이 아이를 데리고 가는 시스템이다.

주로 야외 활동을 하기 때문에 보통 유치원보다 날씨에 맞는 옷을 꼭 챙겨야 아이들이 활동하기에 지장이 없을 것이다. 이곳에 아이를 보내는 부모들의 이야기를 들어 보면 자연에서 놀면서 배우고 자연에서 커 가는 느낌이라 꽤 만족한다고 한다. 하지만 아직 덴마크에 있는 한국 사람들이 숲속 유치원에 아이들을 보내는 경우는 드물다. 우리에겐 덴마크의 일반 유치원도 충분히 야외활동과 자연학습이 많다고 느껴지기 때문이다. 한국의 숲 유치원과 비슷한 수준이 아닐까 싶다.

숲에서 놀고 있는 아이들
덴마크에는 도심 가까이에 숲이 있기 때문에 추운 겨울에도 숲에서 뛰어 노는 아이들을 흔히 볼 수 있다.

자전거 타기

덴마크의 유치원은 지역구에 몇 개씩 편성이 되어 있다. 부모들은 집 근처에 있는 몇 유치원을 선택하는데, 자리가 나면 아이들을 그곳에 맡긴다. 다른 지역에 있는 유치원이 마음에 들어도 본인이 그곳 행정부에 속하지 않는다면 보낼 수 없다. 따라서 한국처럼 서틀버스로 등하교를 시키지 않고 부모들이 직접 유치원에 데려다 주는데 대부분 자전거를 많이 이용한다. 출퇴근 시간에도 차가 막힐 염려가 없고, 주차 걱정을 하지 않아도 되기 때문이다.

출퇴근뿐만 아니라 심지어 파티에 갈 때도 - 예쁜 드레스를 입고 힐을 신고도 - 자전거를 이용한다. 이들에게 자전거는 중요한 교통수단인 것이다. 물론 자전거를 선호하게 된 건 높은 지대가 없고 일반적으로 땅이 평평한 지형적 특성 때문이기도 하지만 정부가 부단한 노력을 기울인 결과이기도 하다. 덴마크에는 자전거 전용 도로와 자전거를 주차할 수 있는 거치대가 곳곳마다 설치되어 있다. 또, 지하철이나 기차에는 자전거를 실을 수 있는 자전거 자리가 따로 마련되어 있다. 한편 자동차의 증가를 억제하기도 한다. 자동차에 붙는 세금을 높이고, 중심가에는 주차장을 늘리는 대신 공원을 만들어서 주차장을 줄였다. 주차 요금도 높였다. 자전거 도로에는 보행자가 서 있거나 걸어가면 안 된다. 익숙하지 않은 관광객들이 이를 모르고 자전거 도로를 걷다 보면 낭패를 보기 일쑤다. 차가 자전거 도로를 넘어가면 안 되는 것은 두말할 필요가 없다. 그래서 한국에서 운전하다 이곳에서 운전하게 된 사람들의 이야기를 들어 보면 평소 운전은 한국보다 훨씬 쉽지만 자전거는 적응이 안 된다고 이야기할 정도이다.

그리고 자전거를 타다가 신호를 대기할 때는 발을 올려 잠시 쉴 수 있는 거치대가 있다. 자전거 이용자들이 조금이라도 편할 수 있도록 한 배려가 엿보인다. 요즘 들어서는 자전거를 이용하는 사람들을 대상으로 소매치기가 등장하자 조심하라는 경고 안내판도 눈에 띈다. 관광객들도 자전거를 이용해 덴마크를 즐길 수 있도록 호텔마다 자전거 서비스를 제공한다. 그리고 눈이 왔을 때도 이들은 차도보다도 먼저 자전거 전용도로부터 눈을 치우고 제설제를 뿌린다. 그만큼 자전거 타기를 장려하고 있기에 시민들은 편리하게 자전거를 이용할 수 있다.

이처럼 자전거 타기가 생활화가 되어 있어서 아이가 2~3살이 되면 부모들은 아이에게 발란스 자전거를 타도록 한다. 이 자전거는 페달이 없는 자전거로 균형을 잡는 연습에 아주 많은 도움을 준다. 발로 자전거를 굴리며 균형을 배우게 되는 것이다. 이런 자전거를 많이 타기 때문에 여기에서는 3, 4바퀴 자전거는 많이 타지 않는다. 그리고 이 발란스 자전거가 유치원에도 충분히 있기 때문에 원한다면 아이들이 유치원 놀이터에서도 충분히 연습을 할 수 있다. 이렇게 균형감각을 배우기 때문에 대체적으로 아이들이 두발자전거를 금방 배울 수 있다. 그리고 부모와 함께 자전거로 등하교를 하면서 자전거를 탈 때 수신호라든지 안전 규칙을 배운 아이들은 자연스럽게 자전거 타기에 익숙해진다. 심지어 임산부들에게도 자전거 타기는 추천 운동 중 하나일 만큼 이들에게 자전거 타기란 일상이다.

발란스 자전거로 연습하는 어린 아이

발란스 자전거를 타고 엄마와 산책하는 아이
덴마크에서는 아이가 2~3세가 되면 페달이
없는 발란스 자전거로 균형 감각을 키우게
한다.

한국 부모를 둔 우리 아이는 유치원에 가서야 발란스 자전거를 접하게 되었지만 다행히 발란스 자전거를 재미있어 했다. 한국에서처럼 세발자전거를 타다가 보조 바퀴를 단 네발자전거를 타게 된 것이라 새로운 경험이 나름 신선했을 것이다. 다른 아이들처럼 자전거를 타고 유치원에 가길 원했던 딸은 종종 자전거를 타고 유치원에 가기도 했다.

그러던 어느 날, 보조 바퀴를 단 채 자전거를 타고 유치원에 가다가 선생님을 만난 아이에게 선생님이 그러셨다.

"보조 바퀴를 떼고 타야지. 계속 달고 있으면 자전거 타기가 어려워져. 힘들면 발란스 자전거로 더 연습해. 바이킹 민족은 할 수 있어. 넌 충분히 할 수 있어"라고 말이다. 이 이야기를 들은 아이는 기운이 빠져서는 "바퀴 빼. 나 안 탈 거야"라고 했다.

아이는 그 후로 시간이 날 때마다 아빠와 자전거 타기 연습에 열중했다. 뒤에서 아빠가 잡아 주고 놔 주고를 반복하면서 말이다.

"아빠 잘 잡고 있지?"

"그래. 아빠 잘 잡고 있어."

자전거를 배워 본 사람이라면 누구나 기억하듯 어느 새 아이는 홀로 균형을 잡으며 자전거를 탈 수 있게 되었다.

다행히 이렇게 자전거를 배운 후 유치원에서 '쉬켈 데이Cykel Dag(자전거의 날)'가 있었다. 유치원에서 자전거의 날이라 자전거를 가지고 오라는 말을 듣고, 난 그저 '오늘은 자전거를 많이 타나 보다' 생각하고 유치원에 아이를 보냈다. 그런데 이게 웬일인가. 아이 말을 들어 보니 정말 그 날은 유치원에 자전거를 타고 가서 집으로 돌아오는 그 순간까지 말 그대로 자전거만 탔다고 한다. 점심도 교실 밖 놀이터에서 먹고 말이다. 가끔 이럴 때에는 정말 이들의 체력에 놀라지 않을 수 없다. 녹초가 되어 집으로 돌아온 딸은 피곤하지만 너무 재미있었던 하루라고 말했다.

덴마크는 자전거가 생활화되어 있다 보니 자전거의 종류도 다양하다. 운동을 위해 누워서 타는 자전거도 있고 나이가 많으신 분들이 안전하게 탈수 있는 세발자전거도 있다. 자전거를 타고 출퇴근을 하면서 아이들의 등하교도 겸하기 때문에 아이들이 부모의 뒤나 앞에 앉을 수 있도록 하는 안장 같은 것을 달기도 한다. 또 자전거 앞에 리어카 같은 것이 달려 있어서 아이들을 그곳에 앉혀

놓고 타는 '렐 쉬겔Lad cykel'이라는 것도 있는데 아이들이 있는 집에서 많이 이용하는 자전거이다. 아무래도 조금 더 안전하기도 하고 2~3명 정도 탈 수 있는 데다 덮개가 있어 비가 오거나 바람이 많이 불 땐 유용하다.

자전거를 이용하는 건 왕실도 예외는 아니다. 우연히 유튜브 동영상을 보았는데 왕세자비 메리가 리어카가 달린 자전거에 아이들을 태우고 편한 옷차림으로 외출하는 장면이었다. 그 뒤의 경호원 한 명도 자전거를 타고 뒤따라 가고 있었다.

어디를 가는 중인지는 모르겠지만 아이들의 등굣길 같아 보였다. 왕실 사람들이라고 해서 일반 서민들과 크게 다르지 않는 삶을 사는 모습이 참 인상적이었다.

덴마크에서 자전거를 탈 때는 자동차의 방향지시등처럼 수신호를 통해 뒤에 있는 사람들에게 자신의 진행 방향을 미리 알린다. 어두워질 때는 앞에는 하얀 불, 뒤에는 빨간 불을 달아서 안전하게 자전거를 탈 수 있도록 한다. 자동차를 운전하면서 휴대전화를 사용할 수 없는 것처럼 자전거를 타면서도 휴대전화는 사용할 수 없다. 만약 단속에 걸린다면 벌금을 내야 한다.

유아시트를 장착한 자전거

렐 쉬겔을 타고 가는 시민

덴마크의 친환경 놀이활동

덴마크의 친환경 놀이터

　아이들이 자라나는 환경에서는 놀이터가 빠질 수 없다. 나의 어린 시절에도 친구들과 아파트 혹은 학교 운동장에 있는 작은 놀이터에서 뛰어 놀며 자랐으니 말이다. 지금은 시대가 많이 변하여 이런 놀이터의 형태가 실내로 옮겨와서 날씨와 상관 없이 아이들이 즐길 수 있게 되었지만 형태야 어떻든 '놀이터'란 곳은 아이들에게도 부모들에게도 중요한 장소 중 하나임은 틀림없다.

　덴마크 또한 지역곳곳에 놀이터가 마련되어 있다. 한국처럼 아파트가 모여 있는 곳들은 아파트 단지 내에 놀이터가 있고 공원 중간중간에도 크고 작은 다양한 형태의 놀이터가 마련되어 있다. 물론 실내 놀이터 또한 마찬가지이다. 이곳은 어른, 아이 할 것 없이 야외활동을 권장하기에 놀이터의 이용은 더 활발할 수 밖에 없는 구조다. 거기다 날씨까지 좋다면 지역 곳곳에 있는 놀이터는 아침부터 아이들로 붐비곤 한다. 그렇기 때문에 놀이터 관리도 잘 되어 있고, 아이들의 건강에 해롭지 않는 친환경적인 나무를 이용해 놀이기구를 만드는 편이다. 심지어는 운동기구도 나무로 되어 있다. 그 중 제일 신기했던 것은 단연코 러닝 머신이라고 말할 수 있겠다. 물론 기계처럼 속도 조절이 체계적으로 되지는 않지만 사람이 움직일 때마다 통나무가 굴러가게끔 되어 있어서 어린 아이들도 재미있게 이용할 수 있다.

나무로 된 러닝 머신

처음에는 나도 '놀이터는 다 놀이터지. 여기도 그네 있고 시소 있고 뭐 간단하네'라고 생각했다. 하지만 시간이 지나고 아이를 키우며 다양한 놀이터를 접한 뒤 한국에 갔을 때 두 나라의 놀이터가 참 다르다는 것을 알게 되었다.

제일 큰 차이점은 한국의 놀이터에는 아이들이 많지 않아 조용하다는 것이었다. 참 씁쓸한 현실이라 안타깝다는 생각이 들었다. 아이들이 하교 후 학원으로 돌며 바쁜 스케줄을 소화해야 하고, 어린 아이들도 야외에 있는 놀이터보다는 실내 놀이터를 주로 이용하다 보니 더 그랬던 것 같다. 이곳의 놀이터는 아이들의 말 소리, 웃음 소리, 우는 소리까지 다양한 소리가 있는데 말이다.

나무로 만들어진 친환경 놀이기구들

덴 마 크 식 행 복 육 아

나무를 잘라 만든 미끄럼틀 계단

　또 하나의 차이점은 덴마크의 놀이터에는 한국처럼 아이들이 좋아하는 알록달록한 색들이 많지 않다는 것이다. 안전을 위한 우레탄 바닥도 없다. 주로 원목을 그대로 이용해서 만들기 때문에 자연 그대로의 나무 색이 대부분이고 아이가 없는 집이라면 충분히 무심코 지나칠 수 있을 정도로 놀이터는 자연 그대로의 모습을 가지고 있다. 또한 이곳의 놀이터 바닥은 그냥 흙이나 모래로 되어 있고, 아이들이 떨어질 우려가 있는 그네 주변에는 나무를 잘게 잘라 둬서 덜 딱딱하도록 해 놓은 정도다. 그래서 비가 오면 물이 고이게 되고 넘어지면 상처가 날 수도 있다. 아이들은 물이 고이면 놀지 않는 것이 아니라 고인 물을 이용하여 또 다른 놀이를 즐긴다. 이곳 놀이터에는 한국 엄마들이 싫어하는 모래가 주변에 많기 때문에 신발이나 옷 속에 들어가곤 한다. 하지만 자연 그대로의 것을 이용했기 때문에 표면적으로 아이들에게 상처가 생길 수는 있겠지만 오히려 건강에는 더 좋다고 본다. 모래가 많아서 여름에는 아이들이 신발을 벗고 맨발로 노는데, 마음 편하게 놀면서 자연스럽게 발로 모래의 촉감을 느낄 수 있다. 가끔 보면 엄마들도 바닷속에 발을 담그듯 모래 속에 발을 담그고 아이들과 같이 모래 놀이를 즐기거나 어린 아이들을 보호한다.

암벽타기를 할 수 있는 곳

계단은 주변에 있는 것들을 자연스럽게 이용하여 만들어져 있거나 통나무가 받침대 역할을 할 수 있게 만들어져 있다. 아이들은 계단을 올라가는 느낌보다는 나무를 탄다든지, 언덕을 올라가는 느낌을 받을 수 있다. 그네도 조금 다르다. 우리가 흔히 알고 있는 일반적인 그네도 있지만 마치 해먹과 같은 느낌의 그물 그네가 있

덴 마 크 식 행 복 육 아

어서 여러 명의 아이들이 한꺼번에 타기도 하고 어린 아이들은 엄마의 품 안에서 평온하게 그네의 흔들림을 즐긴다. 어디든 올라가는 것을 좋아하는 아이들의 심리를 잘 이용해서 정글짐이나 구름사다리의 형태도 다양하게 해 두었다. 암벽타기 형태의 모습으로 이루어진 곳도 있다.

여럿이 함께 탈 수 있는 그물 그네(좌)와 혼자 탈 수 있는 그네(우)
그네의 기둥이나 의자도 나무를 이용하여 만들어져 있는 것을 볼 수 있다.

다시 말하자면 덴마크의 놀이터는 다양한 놀이기구들이 원목으로 만들어져 친환경적이다. 크기나 높이가 다양해 아이들이 자신에게 맞는 기구를 선택할 수 있다는 장점을 가지고 있기도 하다. 또한 흔한 디자인보다는 상상력으로 변화를 준 놀이기구를 만들어 놓아서 아이들의 상상력을 자극시켜 주는 효과도 가지고 있다. 게다가 부모들도 아이들이 다른 아이의 놀이를 방해하거나 해치지 않는 한 아이들의 놀이에 크게 간섭하지 않는다.

생각해 보니 나는 아이가 놀이터에서 놀 때 좀 위험해 보이거나 잘 못할 것 같으면 아이가 먼저 도움을 요청하기도 전에 내가 앞서 도와주거나 막거나 했던 것 같다. "이건 지저분하니까 하지 마, 만지지 마"라는 식의 말도 같이 하면서 말이다. 그런데 이곳의 엄마들은 나와는 달리 아주 위험한 부분이 아니라면, 혹은 아주 어린 아이가 아니라면 그냥 자유롭게 둔다. 아이의 도움 요청이 없다면 먼저 도와주는 일도 드물다. 이러한 모습을 보면서 나는 아이들의 사회성이나 창의성 같은 건 특별히 가르쳐서 키워지는 것이 아니라는 것을 깨달았다. 어쩌면 아이들 스스로 더 아이답게, 더 자유롭게 놀아야 자신들도 모르게 사회성과 독립성, 그리고 창의성까지 키울 수 있는 게 아닐까 하는 생각이 든다.

그리고 따뜻한 여름에는 아이들이 시원하게 물장난을 치며 놀 수 있도록 일정한 시간 동안 놀이기구나 그 주변에 물이 나오게 하는 놀이터도 있다. 가끔 보면 생각지도 않은 곳에서 물이 나와서 놀라기도 하지만 그 점이 더 신나기도 하다. 재미있게 놀다 보면 옷이 어느새 젖어 버리고, 그러면 아이들은 젖은 옷을 벗고 팬티만 입고 뛰어 놀면 그만이다. 중요한 것은 젖은 옷이 아니라 물놀이하는 지금 이 순간이다. 이게 가장 아이다운 모습인데 무엇을 더 바라겠는가?

"카르페디엠Carpe Diem!(현재를 즐겨라)"이라고 외쳐 주고 싶다.

어느 날 아이가 뜬금없이 놀이터에 가자고 했다. 유치원에서도 자주 갔고 학교에서도 갔던 곳이라 가는 길을 안다며 나를 재촉했다. 날씨도 좋았던 터라 예쁜 코펜하겐의 여름을 즐기며 딸의 뒤를 따랐다. 놀이터는 집에서는 꽤 떨어진 곳에 있었지만 호숫가를 지나 오솔길 따라 걸어가는 그 길이 너무 예뻐서 놀이터만큼 기억에 남는다. 놀이터에 도착하니 벌써 많은 아이들로 북적거렸다.

한쪽에서는 모래로 소꿉놀이를 즐기고 있었고, 한쪽에서는 부모와 아이들이 테니스를 치고 있었다. 신나게 자전거를 타는 아이들의 모습도 보였고 저마다 무리 지어 신나게 놀고 있었다. 그 놀이터는 특별히 다양한 형태의 자전거를 누구나 이용할 수 있게 되어 있었기 때문에 호기심 많은 어른들도 아이들과 신나게 자전거를 타며 즐기기도 하는 곳이었다. 게다가 시간 제약이 있는 것도 아니라서 아이들은 더 여유롭게 즐길 수 있었다. 그래서 아이들이 많을 때는 서로 양보하며 이용했고, 사용한 자전거들이나 모래 놀이도구 같은 것들은 다시 제자리에 잘 가져다 놓았다. 사용료를 지불한 것도 아니었지만 사람들이 나름의 규칙을 지키며 이용하기에 질서정연한 곳이었다.

아이가 노는 것을 지켜보며 벤치에 앉아 있는데 시설 관리자가 빵을 막 구워냈다며 그곳에 있는 사람들에게 빵을 나누어 줬다. 함께 나누는 여유와 그 관리인의 환한 미소가 아직도 선명할 만큼 나에게는 신선한 곳이었다. 따뜻하고 고소한 빵, 따뜻한 햇살, 시끌벅적한 아이들의 소리가 함께하니 '휘게Hygge(덴마크의 고유한 문화를 뜻하는 단어로 뒤에 자세히 소개하겠다)'하지 않을 수가 없었다.

모래와의 전쟁

덴마크 놀이터에는 반드시 모래 놀이터가 있다. 어린이집, 유치원, 학교는 물론이고 집 주변에 있는 놀이터에도 모래로 놀 수 있는 곳이 있다. 날씨가 좋은 날, 특히 여름철에 아이들은 모래 속에서 산다고 해도 과언이 아니다. 모래로 소꿉놀이도 하고 모래성도 쌓고, 헤엄을 치기도 한다. 한국 엄마들은 상상하기도 힘든 일이지만, 양말을 벗어 그 양말 속에 모래를 채워 놀기도 하고, 직접 들어가 찜질도 한다. 아이들뿐만 아니라 선생님이나 아이를 데리러 온 학부모들도 함께 모래 속에서 노는 경우를 종종 볼 수 있다.

그 누구도 모래를 다른 친구에게 던져 불편하게 하지 않는 한 모래 속에서 노는 다양한 방법들에 대해 간섭하지 않는다. 잘 놀고 장난감을 비치된 박스 안에 잘 넣기만 하면 된다. 그렇게 놀고 유치원에서 집에 올 때면 한국 엄마인 나는 유치원에서 나오기 전에 옷과 신발, 양말 속에 들어간 모래를 털어내느라 정신이 없다. 여름은 그나마 옷이 얇고, 샌들을 신으니 양말도 없어서 사정이 좀 낫다. 하지만 머릿속에 들어간 모래를 털어내는 건 여름에도 좀 힘들다.

모래 놀이터   모래 놀이터에 비치된 장난감으로 놀고 있는
아이들

　이렇게 아이들은 어릴 때부터 자연스럽게 촉감놀이를 접한다.
한국처럼 촉감놀이를 위해 특별한 장소에 가거나 모래가 들어갈
까 장화를 신고 놀지 않는다. 말 그대로 온몸으로 촉감을 느끼는
것이다.

　어느 날 아이를 데리러 갔을 때의 일이다. 딸아이는 평소처럼 모
래 놀이를 하고 있었다. 이제 집에 가자고 하니 모래 놀이를 할 때
사용했던 삽을 들고 여기저기 다니며 재미있는 행동을 보였다. 그
삽을 다음 날도 가지고 놀고 싶었는지 정리함에 넣지 않고 어느 한
구석에 밀어 넣고는 모래를 조금씩 가지고 와서 삽 위에 뿌리기 시
작했다. 숨겨둔 것도 모자라서 위장을 한 것이었다. 그 모습을 지
켜보던 선생님도 아이의 의도를 알아차렸는지 좀 더 가까이에 있
는 모래를 가지고 가라고 했다. 모래를 가지고 가서 뿌린다는 게
가는 길에 모두 흘려버렸기 때문이다.

우천 시 취소?

덴마크는 날씨가 변덕스러워서 궂은 날씨에도 잘 적응해서 살 수 있도록 야외 활동을 많이 한다. 맑은 날보다 흐린 날이 많고 여름은 해가 길지만(23시경 일몰) 겨울에는 해가 짧아서(15시경 일몰) 금방 어두워진다. 따라서 한국처럼 우천 시 취소가 없다. 태풍이 아니라면 원래 계획대로 추진한다. 물론 일기예보를 통해서 날씨가 좋은 날을 선택하긴 하지만 혹 날씨가 바뀌어도 계획대로 진행한다. 웬만하면 날씨에 맞는 옷을 준비하는 것이 최선이다.

그래서 덴마크에서는 비옷과 장화가 필수품이다. 비가 오면 비옷과 장화를 착용하고 투어를 가거나 놀이터에서 놀기 때문이다. 그래서 아이들은 비가 오면 오히려 더 좋아한다. 비가 내려 물 웅덩이가 생기면 거기서 첨벙첨벙 놀 수 있고 비에 젖은 흙으로 초콜릿케이크도 만들 수 있기 때문이다. 이처럼 아이들은 비가 온다고 해서 교실 안에서만 놀지 않는다.

태풍이 아니라면 여전히 자전거를 타고 등하교를 하고 눈이 오면 썰매를 가지고 와서 약간의 언덕만 있어도 썰매를 탄다. 그렇게 놀다 보니 비옷을 입어도 옷에는 흙물이나 진흙이 잔뜩 껴 있다. 빨래는 엄마의 몫이라는 것을 아이들이 아는지 모르겠지만….

  젖은 비옷이나 옷들은 각 교실마다 비치되어 있는 건조기계에 넣어서 집에 갈 때쯤이면 마를 수 있도록 한다. 만약 다 마르지 않았을 경우엔 비닐 봉투에 옷을 넣어서 가져갈 수 있게 한다. 그래서 여분의 옷 두 벌 정도(속옷까지)를 유치원에 항상 비치해 두어야 한다. 옷이 젖었을 경우에 갈아입을 옷이 필요하기 때문이다.

비오는 날의 유치원
유치원 올림픽 기간 동안 비가 왔지만 우천 시 취소란 없다. 아이들은 비옷을 입고 예정대로 올림픽 프로그램을 완수하였다.

덴마크 생활 TIP

덴마크는 여름 중 하지 시기에는 23시에 해가 지기 시작해 새벽 4~5시면 해가 뜨는 백야 현상이 있는 반면, 겨울에는 15시부터 해가 져 아침 8시에 해가 뜨기 시작한다. 비가 오는 날에는 하루 종일 어둡다.

물놀이와 썰매

여름 중에 날씨가 많이 무더울 때면 유치원에서는 가까운 바닷가를 가거나 유치원에서 물 호스를 이용해 물놀이를 한다. 아이들은 거의 팬티를 입거나, 수영복을 준비한 아이들은 수영복을 입고 물놀이를 즐긴다. 놀다 보면 추워서 콧물이 흐르지만 아이들은 아랑곳하지 않고 열심히 논다. 여름이 짧은 데다 언제 해가 나와서 무더워질지 모르기 때문에 날씨만 좋다면 아이, 어른 할 것 없이 필사적으로 물놀이와 해를 즐긴다고 할 수 있다.

물이 나오는 놀이터에서 물놀이를 즐기는 아이들

반대로 겨울에 눈이 왔을 때에는 유치원에 갈 때부터 썰매를 타고 가기도 한다. 아이들은 신나 하고 부모들은 열심히 썰매를 끈다. 그나마 다행인 것은 썰매 끄는 것이 생각보다 어렵지는 않다는 점이다. 눈이 쌓였을 경우엔 오히려 아이를 걷게 하거나 유모차에 태우는 것이 훨씬 힘들다. 그래서 눈이 내리면 다양하고 기발한 방법으로 썰매를 끄는 모습을 종종 보게 된다.

아이들은 유치원에도 썰매를 가져간다. 썰매를 타고 등하교를 할 정도이니 두말하면 잔소리다. 산이 없는 덴마크에서 언덕을 발견하기란 쉬운 일이 아니기 때문에 약간의 언덕만 있어도 타고 내려오기 바쁘다. 아니면 근처에 있는 숲으로 가서 썰매를 타고 모닥불을 피우며 몸을 녹이곤 한다. 특히 눈이 내린 주말에는 부모들이 바쁘다. 부지런한 아이들은 아침 식사 후부터 나가서 썰매를 즐기기 때문이다.

언덕 위에서 썰매를 타는 모습

썰매를 타고 등교하는 모습

바이킹 체험

덴마크 사람들은 바이킹의 후예라는 것에 대한 자부심이 대단하다. 그래서 아이들에게 바이킹 시대 때의 모습을 재현하거나 그 시대가 재현된 곳으로 가서 체험시키는 것을 중요하게 생각한다. 딸아이도 유치원에서 바이킹 시대 프로젝트를 한 적이 있다. 유치원에 도착하면 선생님이 준비한 당시 의상(갈색 천을 이용해 원피스처럼 입고 허리에 끈을 묶어 간단하게 만들고 입을 수 있는 옷)을 입고 기다리고 있다.

그리고 유치원 주변을 중세시대처럼 꾸며 놓고 아이들이 그 시대를 상상하며 유치원에서 시간을 보내도록 한다. 또 그 당시에 먹었던 음식을 선생님과 같이 준비해서 점심시간에 다 같이 나누어 먹기도 한다. 이때는 장난감이 없었던 시기이다 보니, 아이들도 이때만큼은 장난감 없이 놀고 주로 야외활동을 하며 놀이를 찾는다. 남자아이들은 전쟁에 나갔던 것을 생각하며 종이박스로 만든 칼로 싸움도 하고 여자아이들은 짚을 이용해 이것저것 만들기도 하며 자연스럽게 그들의 역사를 습득하도록 한다. 이런 프로젝트는 최소 2주에서 4주 정도 진행이 된다.

아이들이 좀 더 자라서 4학년 정도 되면 조금 멀리 떨어진 곳으로 가서 한 주 정도 바이킹 체험을 하고 온다. 이때는 덴마크 현지 학교뿐만 아니라 국제학교에서도 참여해서 바이킹 문화를 배우게 된다. 일주일간 합숙을 하며 먹는 것, 자는 것, 입는 것 등 실제 그 당시를 재현해서 생활하기 때문에 쉽게 먹고 쉽게 씻는 것에 익숙한 아이들에게 결코 쉽지 않은 체험이다. 닭을 요리해서 먹어도 그 당시 이용했던 진흙을 이용해 구이를 해야 하고, 치즈나 버터도 우유를 몇 시간씩 저어서 만들어야 한다. 체험 후 집에 돌아온 아이들의 꼴은 말하지 않아도 상상이 갈 것이다. 그렇게 집과 부모님, 일상의 편리함이 얼마나 소중한가를 다시 한 번 느끼며 아이들은 감사함을 배우게 된다.

이처럼 덴마크 아이들은 유치원이나 학교에서 온몸을 바쳐서 놀고 오기 때문에 체력 소모가 많고, 학교도 일찍 시작하기 때문에 일찍 잠자리에 든다. 이런 문화로 인해서 TV의 어린이 채널은 저녁 8시가 되면 잠을 자는 장면만 지속적으로 방송한다. 한국에서는 아이들이 아침에 못 일어나고 아침밥도 잘 먹지 못한 채 등교하는 일이 많아, 여유로운 아침을 위해 등교 시간을 늦추는 학교가 늘어나고 있다고 들었다. 야근과 회식이 많은 한국의 문화에서 하루를 일찍 마무리하는 것은 쉽지 않을 것이다. 저녁시간이 짧으니 아침 시간을 늘릴 수 밖에 없는 환경이 조금 서글프기도 하다. 요즘은 사회적으로 '저녁이 있는 삶'에 대한 필요성이 많이 제기되고 있는

저녁 시간 TV 어린이 채널
저녁 8시가 넘으면 어린이 채널에서는 잠자는 장면만 지속적으로 내보낸다. 덴마크 아이들은 하루를 일찍 시작하고 대부분 8시면 잠자리에 든다.

만큼, 한국의 부모들과 아이들에게도 소중한 '저녁 시간'이 되돌아오길 바라본다.

유치원에서의 마지막 날

덴마크에는 한국처럼 입학식 졸업식이 따로 없기 때문에 학교의 SFO 프로그램(방과 후 프로그램)[1]과 자신들의 여름 휴가 일정에 맞춰서 각각 유치원 생활의 마지막 날을 정할 수 있다. 졸업 앨범 또한 없다. 대신 10월이나 11월에 반별로 전체 사진을 찍기 때문에 아이들의 추억은 남길 수 있다.

보통 마지막 날은 부모들이 아이스크림이나 간단한 빵을 준비해 가서 아이들과 나누어 먹으며 마지막 인사를 하는데 우리 아이는 이 날 김밥을 가져가길 원했다. 난 아침 일찍부터 김밥을 준비해서 유치원에 갔다. 아이의 사물함과 물건들을 정리하고 선생님으로부터 그 동안 딸이 유치원에서 만든 작품들과 사진 등을 모아둔 스크랩 북과 선생님의 편지를 받았다.

덴마크어를 한 마디도 하지 못한 채 유치원 생활을 시작했는데 스스로 배우고 자라서 학교에 가게 된 것을 축하하고 응원하는 내용의 편지였다. 이런 편지에 대해 전혀 모르고 있었던 나는 감정이 북받쳐 올랐다. 정말이지 감동 그 자체였다. 마치 3년간의 추억을 선물 받는 느낌이랄까.

---

1 스콜레프리칠스오드닝SkoleFitidsOrding'의 줄임말.

아이는 정든 친구들과 선생님에게 인사를 하고 유치원에 붙어 있는 자신의 사진 하나를 떠나는 이들의 사진이 모여 있는 곳에 붙이며 마지막 작별 인사를 했다.

덴마크 생활 TIP

덴마크에서는 유치원에서 아이를 맡았던 교사가 아이의 성격이나 특징을 정리해서 먼저 부모들에게 알려주고, 그 내용을 학교 교사에게 전달하여 학교 교사가 아이에 대해 미리 파악할 수 있도록 도와준다. 유치원과 학교가 분리되어 있는 것이 아니라 연결되어 있어서 아이가 새로운 환경에 잘 적응할 수 있도록 하고 교사도 아이의 잠재력을 잘 이끌어 낼 수 있는 시스템이다.

유치원에서 만든 작품과 사진 등을 모아 둔 스크랩북과 선생님의 편지

왕따 없는 덴마크 초·중등학교
스콜레Skole

신입생 증후군?

직장인에게 월요병이 있듯이 요즈음에는 학생들 사이에 신입생 증후군이라는 말이 돈다고 한다. 신학기가 시작되거나 입학을 앞둔 신입생들이 겪는 불안감이 정도가 지나쳐 실제 복통이나 요통, 수면장애까지 일으키는 것에 이런 증후군의 이름이 붙여졌다고 한다. 이런 아이들을 지켜보는 부모의 입장에서는 걱정이 클 수밖에 없을 것 같다. 그래서 아이들의 사교성을 위한 사교육이 성행한다고 한다. 이런 것도 학원을 다녀야 하나 싶을 정도다. 한국에 있는 아이들은 공부 때문에 또래의 아이들이랑 같이 어울려 노는 놀이 문화가 많이 부족한 게 아닌가 싶다. 물론 개인의 성향에 따라 차이가 있겠지만 서로 어울려 놀면서 자연스럽게 형성되는 사교성을 학원에서 배운다니… 얼마나 좋은 결과가 있을지 모르겠지만 근본적인 해결은 쉽지 않으리라 생각된다.

한국에서는 학교에서 공개 수업을 할 때 아이들이 부모들의 기대만큼 발표를 잘하지 못하면 스피치 학원이라는 곳에 보낸다고 한다. 그리고 아이들의 친구들에게 인기를 얻게 하고 자신감을 얻게 하기 위해 마술학원이 인기라고도 한다. 게임을 잘 하면 친구들의 인기를 얻을 수 있는 남자아이들의 경우, 게임을 게이머들에게 배우거나 게이머들이 대신 게임을 해주기도 한다. 노는 방법을 몰라서 노는 것이 힘든 아이들을 위해 놀아주는 선생님을 따로 초빙해 논다고 하니 이곳 덴마크하고는 많이 다른 분위기다.

아이들이 결과 위주로 평가 받고 잘해야 한다는 강박관념을 알게 모르게 가지고 있는 것 같다. 그래서 작은 실패도 두려워하고 그로 인한 스트레스로 이런 증후군을 앓고 있는지도 모르겠다. 이것은 아이들뿐만 아니라 부모들 역시 그렇다고 본다. 혹시 우리 아이만 뒤쳐지고 있지 않나 하는 조바심, 조금은 더 잘했으면 하는 마음이 아이들을 더 재촉하고 틀을 더 만들어서 여기서 벗어나면 마치 큰일이 날 것처럼 굴게 되는 것은 아닐까 싶다.

한국의 아이들은 학교에 가기 전부터 다양하고 많은 교육을 받기 때문에 이곳의 아이들보다 훨씬 똑똑하고 성숙하다. 하지만 지극히 나의 개인적인 생각이지만 그만큼 아이들이 또래들과 어울려 놀지 못하기 때문에 아이들만의 순수함 혹은 자유로움과 사회성은 많이 부족하다는 것을 느낀다. 서로 지향하는 목표가 다르니 거기서 나타나는 사회문화의 차이로 인함이라 생각된다.

아이들은 놀이를 통해 규칙을 정하고, 그 규칙을 지키는 법을 배위 나간다. 우리가 어릴 때를 생각해 보면 '얼음 땡'을 통해 움직이지 않고 가만히 있는 법 - 아이들에게 움직이지 않고 가만히 있는 것이 얼마나 어려운 일인지는 어린 시절을 겪어본 모든 이가 알 것이다 - 을 배웠고, '사방치기'에서는 땅에 그어진 선을 밟거나 넘지 말아야 하는 것 등을 배우고 익혔다. 거기에서 자연스레 일명 '골목대장'이라 불리는 리더가 있었고, 그 아이를 돕는 참모가 있었고, 반대의견을 내는 반론자도 있었다. 그 과정에서 치열하게 토론하며 반대하는 아이를 설득시켜 함께 놀이를 지속시켜 나가곤 했다. 이러한 놀이 과정에서 사회성과 사교성을 자연스레 체득하고 다양한 역할도 배울 수 있었다.

요즘은 친구들과 만나서만 할 수 있는 터치와 감성적인 교류가 학원에, 독서실에, PC방에, 스마트폰에 빼앗긴 것 같아 안타깝기만 하다. 이런 놀이의 과정을 충분히 거치지 않고 공부만 잘하는 아이들이 성인이 되었을 때의 모습이 사실 나는 두렵다. 조금 극단적으로 들릴 수도 있겠지만 거대한 '소시오패스'들의 사회가 되지는 않을까. 지금이라도 한국의 어른들이 놀이의 중요성을 인식하고 아이들을 충분히 놀게 해 주었으면, 제발 그래 주었으면 하는 바람이다.

학교 시스템

덴마크의 초·중등학교는 '스콜레Skole'라고 한다. 유치원과 비슷하게 한 반에 23명 정도의 인원으로 구성되어 있다. 늘어난 아이들과 부족한 학교로 인해 학교 역시 한 반의 수용 인원이 늘어났다고 볼 수 있다. 한국은 초등학교와 중학교가 분리되어 있는데, 덴마크는 초·중 과정이 연결되어 있다. 가까운 독일은 1~4학년까지 초등학교 개념이고, 5학년부터 '김나지움Gymnasium'에 간다. 즉, 5학년 때 진로가 결정된다고 할 수 있다. 독일 또한 덴마크처럼 대학 진학 여부에 따라 고등학교가 달라지기 때문이다. 이러한 시스템에 따라서 덴마크 학교는 0~9학년까지 있고 아주 특별하게 0학년 때 배정된 반이 9학년까지 같이 간다.

0학년은 '뵈어네헤우클라세Børnehaveklasse'라고도 불리며 본격적인 학교 생활을 준비하는 학년이다. 그래서 0학년 선생님이 1학년으로 같이 올라가지는 않으나, 1학년때의 선생님이 2, 3학년 담임을 할 수도 있다. 사실 덴마크는 반 아이들뿐만 아니라 담임 선생님도 0~9학년까지 함께 가는 것이 특징이라 할 수 있는데 꼭 그런 것은 아니다. 각 학교마다 조금씩 차이가 있고 교사의 사정에 따라서도 달라질 수 있다. 실제 딸아이의 반은 교사가 두 번 변경되었다.

스콜레는 저학년일 경우 아침 8시부터 시작해서 1시 30분에서 2시 사이에 학교 수업이 끝난다. 고학년이라 하더라도 대부분 3시면 끝난다. 만약 부모의 출근이 빨라져서 학교 시작 전에 아이를 맡겨야 할 경우에는 학교 내 SFO(방과 후 아이들을 봐주는 제도)가 7시부터 오픈하기 때문에 그곳에 아이를 맡길 수 있다. 학교가 8시부터 시작이고 각 교실은 수업 시작 10~15분 전에 오픈하기 때문에 아이들이 일찍 학교에 오더라도 교실에 들어갈 수 없다. 따라서 혼자 등하교가 힘든 저학년일 경우에는 학교의 SFO에 아이를 맡기는 것이다. 이곳 역시 일찍 오는 아이들에게 간단한 아침을 제공해 준다. 그리고 각 교실에 가서 수업을 하고 오후 수업이 끝나면 아이들은 자신이 속해 있는 SFO에 가서 여러 활동을 하다가 부모들이 퇴근하면 같이 하교하는 시스템이다. 보통 SFO에는 유치원처럼 5시까지 맡길 수 있다. 학교 교육은 무상이지만 SFO는 유치원처럼 소득별로 돈을 낸다.

학교 전경

학교의 모습도 주위 경관과 어울리는 친환경적인 모습이다.

고학년 교실 건물

교내에 있는 작은 개울

저학년 교실 건물

덴 마 크 식   행 복 육 아

사립 학교와 정부 지원

덴마크는 다른 주변 국가들에 비해 사립학교가 많고 부모들도 사립학교에 많이 보내는 편이다. 사립학교가 국립학교보다 교육의 질이 높은 것은 사실이다. 또한 학교의 규모는 크지 않아도 정부의 보조금이 많아 사립학교의 학비도 많이 비싸지 않다. 부모들이 부담 없이 보낼 수 있는 수준이다. 그래서 학부모들은 보다 나은 교육의 질을 위해서 혹은 방과 후 프로그램이 좋아서 사립학교를 선택하곤 한다.

추가로 조금 더 보충하자면, 이런 정부지원은 학교뿐만 아니라 국제기구에도 많이 이루어진다. 때문에 이곳엔 UN CITY가 들어설 만큼 국제기구가 많다. 심지어 국제기구의 본부가 이곳에 있는 경우도 있다. 운하와 가깝고 바이킹 시대부터 발달한 선박사업을 바탕으로 운반이 용이하다는 이점 때문에 UNICEF 창고 또한 이곳에 있다. 코펜하겐 국제공항이 허브공항으로써의 역할을 충실히 하고 있다는 강점을 이용해 여러 국제회의나 포럼을 개최하며 국민의 관심도 끌어내고 있다.

입학 전 학교 생활 체험

덴마크는 학교마다 기간에는 차이가 있지만 아이들이 첫 학교 생활을 하기 전에 이틀 정도 학교 0학년 교실에 가서 오전 시간을 보내는 기회를 가진다. 기존의 1학년들과 함께 생활하는 것이다. 부모도 함께 참여할 수 있다. 우리 아이도 이 시간을 엄청 기대했다. 학교를 간다는 생각에 즐거우면서도 또 한편으론 두렵기도 한 마음을 가지고 다른 아이들과 방문을 했다. 반갑게 맞아주는 선생님과 아이들 덕분에 나까지 기분 좋았던 기억이 있다. 다행히도 배정된 교실에 있던 아이들 중 3~4명이 유치원에서 같은 반이었던 친구이자 선배여서 새로운 장소와 새로운 선생님이었지만 어색함이 덜 했던 것 같다. 아이들은 그렇게 수업도 하고 같이 놀면서 학교라는 곳을 체험해 본다. 그리고 학교 입학 전에 학교에 있는 SFO에 가서 학교에서 만날 친구들을 미리 만나게 된다. 이 과정은 학교 SFO 프로그램에 따라 4, 5월부터 시작하기도 하고 8월 학교 시작 1주일 전부터 하는 곳도 있다.

수업

덴마크 아이들은 유치원에서 알파벳, 간단한 숫자, 조금 더 나가면 더하기와 빼기 정도만 배운다. 학교에 입학할 때 한국처럼 글을 다 배우고 오는 아이들이 없다. 자기 이름을 쓸 수 있는 정도이다. 그렇게 조금씩 조금씩 배워가기 때문에 한국 엄마의 입장에서 보면 답답할 때도 많은 것이 사실이다. 책상에 앉아 있는 시간도 길지 않고, 진도가 나가는 것처럼 보이지도 않는다. 교실 안에서나 밖에서나 그저 노는 것만 같아 보이기도 한다. 그러나 아이들은 놀면서 게임을 통해 숫자와 글자를 익힌다. 본인들은 놀고 있다고 생각하고 있기 때문에 전혀 공부라는 인식이 들지 않아 스트레스도 없다.

따라서 아이들이 배우는 속도는 한국에 비해 상당히 느리다. 아이가 가끔 작문을 할 때나, 학교에서 쓴 글을 보고 내가 옆에서 철자가 틀렸다고 알려주면 아이는 아주 당당하게 말한다.

"엄마! 이건 아이들의 글자라고! 아이들의 글자는 틀려도 돼." 이렇게 얘기하니 뭐라 할 말이 없다. 선생님들도 이를 크게 문제 삼지 않는다. 틀린 글자를 수정해 주기도 하지만, 그렇게라도 자신의 의견과 생각을 표현하라고 격려해 준다.

덴마크에서는 자신의 의견과 생각을 이야기하는 것을 아주 중요하게 생각한다. 그래서 국어 교육이 중요하고 국어 교육은 거의 담임 선생님이 담당할 정도이다. 예를 들어 글을 읽고 쓰기가 잘 안되는 0학년 같은 경우에 국어 수업을 보면, 글을 쓸 수 있으면 더욱 좋지만 그림이나 말의 비중이 높다. 즉, 아이들은 그림을 보고 상상해서 이야기를 스스로 만들고, 그 이야기를 들은 뒤 자신의 생각을 이야기하는 것이다. 이것이 점차 에세이를 쓰고 발표하고 토론하는 수준까지 발전하게 되는 것이다.

학교에 가면 수업 전 선생님은 '모은 후뫼어Morgen humør (아침의 훈훈한 이야기)'를 통해 아이스 브레이킹을 한다. 이 시간을 통해 어제 학교가 끝나고부터 오늘 학교에 오기 전에 있었던 재미난 이야기나 기대되는 일들, 가령 오늘 친구가 놀러 온다거나, 새로운 필통을 선물 받았거나, 할머니가 오신다거나, 서커스를 오늘 처음 배우러 간다는 것 등 아주 사소한 재미나 행복 같은 것들을 아이들끼리 얘기하도록 한다. 이렇게 아이들이 자유롭게 얘기할 수 있도록 분위기를 조성하여 자기 의사를 분명히 전달하는 발표 교육을 하는 것이다.

덴마크의 수업은 한국에 비해 능동적인 편이다. 지금은 어떻게 바뀌었는지 모르겠지만 내가 학교에 다닐 때를 생각해 보면 한국의 선생님은 대체로 말을 잘 듣고 조용한 아이들을 좋아했다. 거기다 공부까지 잘하면 금상첨화다. 그러나 여기에서는 조용하고 수동적인 아이들보다 자신의 의견을 말할 줄 아는 능동적인 아이를 좋아한다. 말을 안 하고 있으면 아이가 무슨 문제가 있는지, 어떤 생각을 하고 있는지, 수업을 이해는 하고 있는지 알 수 없다고 생각한다. 물론 이 곳에서도 수업시간에 떠들고 수업을 방해하면 혼이 난다. 교실 밖으로 나가서 기다렸다가 다시 들어오게 하거나, 수업이 끝났을 때 수업에 착실하게 참여한 아이들을 먼저 밖으로 보내주는 식으로 훈육이 이루어진다.

그리고 선생님의 위치는 아주 자유롭다. 항상 칠판을 향해 앞에 있는 것이 아니라, 때론 중간에 아이들과 같이 앉아 있기도 하고, 날씨가 좋으면 밖에서 수업을 하기도 한다. 아이들도 수업 중에 모르거나 궁금한 것이 있다면 손을 들고, 말할 기회를 얻으면 질문하고 답변하면서 자연스럽게 토론의 분위기로 이어지기도 한다. 실제로 덴마크인들은 회의나 토론을 자주한다.

한 예로 덴마크 지인의 아이 중 한 아이가 한국어를 배우기 위해 어학 프로그램 참여차, 방학 동안 한국에 다녀왔다고 한다. 많은 것을 배우고 돌아왔지만 생각보다 재미는 덜 했다고 한다. 그 아이는 해맑게 수업의 분위기가 '옛스럽다'는 표현을 했다. 같이 수업을 들었던 일본 학생들은 상대적으로 잘 따라 갔지만 본인은 그런 수업 방식이 좋지 않았다며 말이다. 생각해 보니 자유롭게 질문하며 토론하는 분위기에 익숙해 있던 아이에겐 딱딱한 수업과 선생님의 일방적인 설명이 재미 없었을 것이다. 외국인 대상 수업이지만 한국에서 교육 받은 한국 선생님이 수업을 하다 보니 어쩔 수 없나 보다, 라고 생각하니 안타깝기도 했다. 그리고 또 하나, 아이의 시간표를 보면 재미있는 것을 발견하게 되는데 그것은 덴마크에서는 쉬는 시간 외에도 노는 시간이 별도로 학습시간에 포함되어 있다는 점이다. 노는 시간에는 주로 보조교사와 함께하는데, 어떻게 시간을 보낼지 서로 의견을 내서 결정한다. 같이 게임을 하거나 음악을 들으며 춤을 추기도 하고 다양한 놀이의 방법으로 시간을 보낸다.

보충수업이나 심화학습 같은 시간 또한 별도로 마련되어 있는데, 이 시간에는 주로 보조교사와 함께 수업시간에 했던 것들을 다시 보충한다. 예를 들어 선생님이 수업 중에 내준 과제물을 다 완성하지 못했을 경우에 보조교사와 함께 과제물을 하거나 도움을 받을 수 있는 것이다.

덴마크의 외국어 교육

　나라도 작고 인구도 많지 않은 덴마크는 예전만 해도 더빙 노동력이 부족했다고 한다. 그러다 보니 아이들이 보는 TV 프로그램도 더빙 없이 그냥 방송했다고 하는데, 그렇게 언어를 접했기 때문인지 할머니, 할아버지들도 다른 유럽권에 비해 영어를 잘 구사하는 편이다. 또한 학교에서의 영어 교육은 어릴수록 그 효과가 좋다는 의견이 지배적이라 교육 제도도 점차 변화하여, 4학년부터 배우기 시작했던 영어를 지금은 1학년 때부터 배우기 시작한다. 학교마다 조금씩 차이가 있어서 0학년에서도 영어를 배우는 경우가 있지만 매우 드물기 때문에 실질적인 시작은 1학년이라고 하는 것이 맞을 것이다.

　우리 아이의 반을 보면 한 주에 1시간 정도 영어수업을 하는데, 수업의 주제가 정해지면 그 주제에 관련된 노래를 듣고 따라 부르는 방식을 많이 이용한다. 노래를 부르면서 아이들이 익숙해진 단어를 배우고, 문장도 쓰며 서로 대화를 하는 것이다. 선생님이 주는 과제물을 소화하고 노래를 듣고 부르고 서로 대화를 하는 것이 수업의 주된 내용이다. 우리 아이의 이야기를 들어 보면 친구들끼리 말도 안 되는 대화를 하며 한바탕 웃으면서 서로 회화능력을 키운다는 걸 알 수 있다.

　처음에는 영어 동요로 시작했다가 차츰 아이들이 많이 알고 있는 디즈니 만화 - 정글북, 인어공주, 라이언 킹 등 - 의 주제곡을 부른다. 아이들은 익숙한 노래들을 배우면서 자연스럽게 영어에 접근하게 된다. 나는 수업에 뭔가 대단하거나 특별한 방법이 있는지는 잘 모르겠다. 오히려 처음에는 아이들이 배우는 속도가 너무 느려서 '아직도?'라는 생각이 들었다. 그런데 그 생각이 틀렸다는 것을 증명하듯, 7학년이 되면 아이들은 국어(덴마크어) 수업을 하듯 영어 수업을 할 수 있을 정도로 수준이 높아진다고 한다. 신기할 따름이다. 그 말을 들은 나는 '도대체 어떻게 배우길래 사람들이 모두 영어를 잘하지?'라는 생각에 주변의 덴마크 사람들에게 물어보았다. 답은 하나같이 이랬다. 공부하라는 강요 없이, 시험 부담 없이 각자 관심 있는 분야로 접근하다 보면 자연스럽게 즐기게 되고 그러다 보면 영어가 된다는 것이다. 그냥 '자연스러운 노출'이 답이라고 말한다. 언어의 특성상 이들이 가진 여건이 한국보다는 상대적으로 우위에 있다는 것은 부정할 수 없지만 이들의 언어에 대한 혹은 배움에 대한 접근 방법에 배울 점이 있다는 것은 분명한 사실인 것 같다.

실제로 영어 수업을 하고 집으로 오는 날이면 아이는 학교에서 배웠던 것을 반복하거나 이야기하면서 나에게도 영어로 이야기하기를 좋아한다. 물론 엉터리 영어도 많지만 자신감이 가득하다. 이런 아이의 모습을 보면서 그리고 주변의 사람들을 보면서 나는 생각해 본다. '아이가 처음 말을 배우듯 이상한 말들을 내뱉으며 반복하는 것이 가장 좋은 언어 교육이 아닐까?'
앞서 영어 교육이 1학년부터 시작된다고 했는데, 아이들이 5학년이 되면 제2외국어를 선택하게 된다. 보통 독일어, 프랑스어, 스페인어가 많은데 요즘에는 중국어가 있는 학교도 있다. 본인의 희망에 따라 배우던 언어를 김나지움(고등학교)에 가서 더 심화하여 배울 수도 있고 또 다른 언어를 선택해서 공부를 할 수도 있다. 그리고 유럽이라서 가능한 일이지만 아이들은 선택한 언어를 사용하는 국가(독일어는 독일, 프랑스어는 프랑스)로 수학여행을 떠난다. 그곳에서 아이들은 그 동안 배운 것을 바탕으로 직접 그 언어를 사용하며 여행도 즐기고 또 다른 문화를 경험한다. 하지만 이들은 이야기한다. 제2외국어는 노력이 필요하다고. 한국보다는 다양한 인종이 모였기에 다양한 언어를 배울 수 있는 기회가 우리보다 많은 것은 사실이지만 대부분의 덴마크 사람들에게도 새로운 언어를 배운다는 것은 그만큼 어렵고 많은 노력이 필요한 일이다. 어찌되었건 이곳의 외국어 교육 환경은 내가 경험했던 환경과는 너무나 달랐고, 나도 만약 이들처럼 언어를 배웠다면 지금보다 더 나은 모습으로 있지 않을까 하는 막연한 기대와 부러움이 밀려왔다.

시험

덴마크의 저학년 아이들은 각 선생님의 재량으로 받아쓰기 시험이나 수업시간에 배운 내용에 대한 간단한 테스트는 하곤 하지만, '내쇼날 테스트 이 덴스크National test i dansk(국가에서 주관하는 국어시험)' 외에는 공식적인 시험이 없다. 아이들은 이 국가 시험을 위해 몇 번의 모의고사를 본다. 이것 또한 각 선생님의 재량에 따라 달라진다. 시험은 컴퓨터로 진행되기 때문에 아이들은 로그인하는 것부터 연습을 하고 어떤 유형의 문제가 나오는지 미리 경험할 수 있다. 시험 문항 개수는 무한대로, 약 60~80분 정도 각자 풀 수 있을 만큼의 문제를 푼다. 문제의 유형은 다양하다. 지문을 읽고 물음에 답하는 것, 띄어쓰기 없이 단어와 문장이 나열되어 있는 문제를 바르게 고치는 것, 속담과 같은 관용어구의 의미를 알아내는 것 등 예전에 우리가 봤던 수능의 외국어 과목 같은 형식이다. 아이들의 스트레스와 무관하게, 선생님들은 아이들 점수(결과)보단 어떻게 하면 아이들이 긴 시간 동안 자리에 잘 앉아 집중해서 테스트에 임하게 할지를 더 중요하게 생각하는 듯 보였다. 시험 후 학부모 게시판에 아이들이 조용히 집중해서 시험에 임하는 것에 신경을 많이 썼는데 다행히 잘 끝났다는 내용이 적혀 있을 뿐이었다. 그리고 그렇게 치른 시험의 결과는 알려주지 않는다. 아이들도 자기들이 푼 문제가 맞았는지 틀렸는지 모른다. 그런데 주위를 보면 다른 덴마크 부모들도 이 결과에 대해 궁금해하지 않는 것 같았다. 학부모를 만나도 이 시험에 대해 이야기하는 사람이 없으니 말이다. 모의고사라 그런 것인지는 잘 모르겠지만 오로지 이방인인 나만 궁금해하는 것 같았다. 그래서 공부의 결과물이 어떤지 학습평가는 어떤지 이런 것들을 아이에게 꼬치꼬치 물어보지만 전혀 소득은 없다. 귀찮아하며 자세히 설명도 안 해 줄 뿐더러 본인도 그 결과를 모르니 어쩔 수 없다. 그저 아이가 말해 주는 대로 듣고 믿을 수 밖에 없을 뿐이다.

이렇게 시간이 어느 정도 흐르면 덴마크의 모든 학교에서 정식적인 시험을 치른다. 하지만 모두 같은 날 시험을 치르는 것은 아니다. 학교의 사정에 따라 날짜는 조금씩 다르다. 그리고 개인의 사정에 따라 그 시험을 응시할 수 없을 때에는 시험을 못 치른 아이들만 따로 모아서 시험을 치를 수 있도록 학교에서 배려를 해 준다. 한국사람 입장에서는 이해가 되지 않는 부분이긴 하지만 이곳은 그렇다. 그리고 학부모들에게 보통 2주일 전에는 시험 날짜를 미리 알려줘서 시험에 차질이 없도록 한다. 정식 시험은 모의 시험과는 다르게 말하기 이해력, 해석, 문장 이해력 정도의 3가지에 관한 내용을 6등급으로, 즉 '아주 잘함~노력 요망' 같은 단계의 결과물로 알려준다. 실제 점수나 등수가 나오지는 않는다. 그 결과에 대해서도 부모들에게 편지의 형태로 알리거나 학교 상담시간을 이용해 알리기 때문에 아이들은 친구들과의 비교를 피할 수 있고, 선생님과 학부모들은 아이들의 부족한 부분을 같이 이야기하며 해결책을 찾아갈 수 있다.

아직까지 우리 아이에게 일어난 일은 아니지만 이곳의 수학 시험 이야기를 들으면 재미있다. 내가 한국에서 시험을 쳤을 때에는 답만 체크하면 끝이었는데 여기는 사정이 다르다. 어떻게 그 답에 다다르게 되었는지 풀이과정을 꼭 적어야 한다고 한다. 그래서 만약 답이 틀렸더라도 풀이과정이 맞았다면 그 문제는 정답처리가 되거나 약간의 점수를 받을 수 있다. 반대로 아무리 답이 맞아도 풀이과정이 적혀 있지 않으면 오답처리가 된다. 그래서 실제 수학 시험을 치르게 되면 풀이과정을 다 적어야 하기에 많은 양의 종이를 제출하는 게 중요하다고 한다.

이렇게 덴마크는 한국처럼 시험이 많지가 않다. 그리고 시험을 친다 하더라도 점수도 없고 결과를 알려주지도 않는다. 현재 덴마크도 교육제도가 조금씩 바뀌고 있는 추세라서 아이들의 공부 부담이 조금씩 늘고 있는 것이 사실이긴 하나 그래도 한국에 비하면 아직까지는 많이 자유롭다. 왜냐하면 이런 시험이나 학습 평가의 점수는 7학년, 즉 중등 과정에서부터 있으니까 말이다(교육제도 변화로 7학년에서 좀 더 당겨질 예정). 이는 고등 과정으로 가도 마찬가지이다. 물론 아이들마다, 부모들마다 다르겠지만 대체적으로 인격과 경험에 더 중점을 두기 때문에 점수에는 크게 민감하지 않은 편이다. 이들에게 시험은 특히 초등학교 과정에서는 좋은 점수 혹은 합격, 불합격의 개념보다 선생님이 아이들의 부족함을 파악해서 좀 더 개선하기 위한 부분이 더 크다고 할 수 있다. 다시 말해 부족한 아이들을 조금 더 지도해서 그 아이가 다른 아이들보다 뒤처지지 않게 하는 것이다. 함께 가는 것을 강조하는 사회이기에 누가 더 잘했다고 특별한 칭찬이 있는 것도 아니고 좀 못한다고 혼나거나 부끄러워하게 만들지도 않는다.

아이가 어느 날 나에게 학교에서 모르던 새로운 것들을 배워서 좋다고, 그래서 학교 가는 것이 더 즐겁다고 말한 적이 있다. "지금은 엄마가 나보다 아는 것이 더 많지만 내가 학교에서 계속 배우면 엄마보다 내가 더 똑똑해질 거야"라는 말과 함께.

이 말을 듣고 처음에는 헛웃음이 나왔지만, 학교에서 새로운 것을 배우는 것이 즐겁다는 아이의 말이 참 고마웠다. 학교에서 배우기 전에 더 좋은 결과를 위해 학원에서 미리 배우고 아이들을 압박하는 것은 살면서 느낄 수 있는 가장 큰 즐거움 중 하나인 '배움의 즐거움'을 빼앗는 것이 아닐까.

아이들은 발달단계에 따라 육체와 정신이 성장한 딱 그만큼만의 세상을 받아들이고 이해할 수 있다고 한다. 따라서 각 아이의 발달단계에 따라 아이들에게 필요한 자극과 환경도 다른 것이다. 아직 신체적이나 정신적으로 준비되지 않은 아이들에게 과도하게 많은 자극과 정보를 주는 것은 불필요할 뿐 아니라, 옳지 않다는 것을 덴마크 사람들은 잘 알고 있는 것 같다.

학부모 상담

새 학기가 시작되면 학교 역시 유치원과 마찬가지로 1년에 2~3번 학부모 회의를 열고 2번의 개별 상담을 한다. 그 외에 할로윈이나 크리스마스 파티 축제를 반별로 담임 없이 학부모와 아이들(가족)이 하기도 하고, 아이들 없이 부모들만 모여서 친목을 다지기도 한다. 이런 반별 행사는 학부모 회의 때 선출된 대표들이 계획하고 공지한다.

상담의 포커스는 교우관계, 가정에서의 생활, 아이가 학교를 좋아하는지에 맞춰져 있다. 학교의 수업은 본인들이 정한 학습목표에 무난하게 따라오기만 하면 문제가 없다. 점수가 중요하지 않기 때문에 더욱 그렇다. 만약 조금 부족한 아이라면 부모와의 상담을 통해서 좀 더 나은 학습을 위해 서로 의견을 나누는 정도이다.

1년에 두 번 정기 상담이 있는데 첫 번째 상담에서는 주로 선생님이 아이에 관해 묻는다. 성격이나 잘하는 것, 못하는 것, 아이가 집에서 무엇을 하며 시간을 보내는지, 부모와는 어떻게 시간을 보내는지를 물어본다. 특히, 유치원 때부터 친구가 집에 놀러 오는지, 친구 집에 놀러 가는지를 중요하게 물어본다. 그만큼 관계를 중요하게 생각한다고 할 수 있다. 그렇게 선생님이 부모의 입장에서 이야기하는 아이를 파악하고, 그 후 반 개월 정도 아이의 학교 생활을 통해 아이를 지켜보며 선생님의 입장에서 아이를 파악한다.

이 상담 외에도 학교 내 양호실 같은 곳에서 간단한 심리검사 종이를 나눠준다. 이 종이에는 아이가 학교에서 주로 혼자 노는지, 약간의 친구와 함께 혹은 많은 친구와 노는지, 하교 후 무엇을 하는지(학교와 SFO 외에 활동 여부를 묻는 질문), 집에서는 어떻게 시간을 보내는지, 학교 생활의 만족도와 SFO 생활의 만족도, 등하교 시간 때 이용하는 교통 수단을 체크한다. 심지어 학교 오기 전 아침을 먹고 오는지 아닌지도 포함되어 있다. 유치원과 학교 SFO에서 일찍 오는 아이들에게 아침을 제공하는 것과 마찬가지로 아침 식사를 중요하게 생각하고 있다는 것을 알 수 있는 부분이다. 이러한 것을 작성해서 부모가 예약을 잡고 정해진 시간에 학교에 가면 그곳에서 키와 몸무게, 시력검사 같은 간단한 신체검사를 한다. 그 다음, 아이가 작성한 종이를 보고 학교와 가정에서의 아이 상태를 상담

한다. 내가 갔을 당시는 우리 아이가 아침을 잘 먹지 않았던 시기여서 아침을 꼭 먹고 학교를 가야 한다는 이야기를 들었다. 아침을 먹지 않으면 집중력도 떨어지고 친구들과 놀다가도 짜증을 낼 수 있는 데다 성장에도 안 좋은 영향을 끼칠 수 있다는 이유였다. 아이도 그 이야기를 듣고 '아침을 안 먹으면 안 되겠구나'라는 생각이 들었는지 그 이후로는 지금까지 아침을 잘 먹고 다닌다.

두 번째 상담에서는 선생님이 아이와 먼저 인터뷰를 한다. 누구랑 친한지, 친하지 않은 친구가 있는지, 어떤 과목이 재미있는지 등 학교의 전반적인 생활에 대해 얘기를 나누는 것이다. 그리고 반 친구들에게 각 아이들의 좋은 점에 대해 이야기를 하게 하는데 대략 내용은 이러하다.

'너는 눈이 예뻐. 너의 머리 색이 예뻐. 너의 피부색이 건강해 보여. - 한국처럼 단일 민족이 아니다 보니 다른 유럽국가보다는 덜한 편이지만 아이들의 머리색, 눈색, 피부색이 다양하다 - 너는 이런 놀이를 잘 해. 너는 줄넘기를 잘 해. 너는 그림을 잘 그려. 너는 달리기를 잘 해.'

이렇듯 아이들의 시선에서 바라본 각 친구들의 좋은 점들을 선생님이 정리한다. 그리고 상담 때 학부모들에게 나눠준다. 아이들의 순수한 마음이 예뻤고 단점보다는 장점을 보게 하는 교육방식이 마음에 들었다. 그렇게 선생님은 아이와의 인터뷰 내용, 다른 친구들이 바라본 아이의 모습, 마지막으로 선생님이 지켜본 아이에 대해 학부모에게 이야기한다. 여기에서 성적에 관한 얘기는 전혀 없다. 중요한 것은 '아이들이 학교에서, 가정에서 행복한가?'이다.

그리고 일 년에 두 번 있는 각 반 학부모 회의가 있다. 우선 회의의 기본 인원을 체크하고 그날 도와줄 서기를 정한다(서기는 이날 회의 내용을 정리해 학부모 게시판에 공지해서 참석하지 못한 부모들도 알 수 있게 한다). 그 다음, 선생님이 먼저 교재 소개와 학습 목표, 교육 과정에 대해서 간단하게 설명한다. 그러고 나서 '아이들이 어떻게 하면 학교 생활을 더 잘할까? 좀 더 친구들이랑 서로 잘 어울릴까?'에 대해 많은 이야기를 나눈다.

실제로 아이의 반에서 따돌림 비슷한 문제가 나타난 적이 있었다. 문제의 심각성을 파악한 부모들은 긴급 회의를 소집했다. 회의는 부모들의 친밀도를 높이기 위해 40분 정도 게임을 한 후 시작되었다. 따돌림의 문제가 아이에게만 있다고 보지 않는 시선에서 비롯된 회의였다. 회의의 핵심은 플레이 데이트를 노는 아이들끼리만 하는 것이 아니라 더 다양한 아이들과 하도록 하고, 놀이 그룹을 더 신경 써서 만들고 각 그룹들간의 비교를 금지하자는 것이었다. 즉, '이 그룹이 더 좋다, 재미있다' 혹은 '누구 집이 좋다, 아니다' 등 비교하는 말이나 행동을 학부모부터 조심하자는 것이었다. 그 후 부모들은 더 놀이에 신경을 쓰게 되었고 아이들에게 골고루 놀 수 있도록 당부하며 지금까지도 신경을 쓰고 있다.

그 외의 회의 때에는 아이들의 생일파티나 반 비에 대해 논의한다. 생일파티는 선물 금액을 정해서 서로 차별이 없게 하는데 한국 돈으로 5,000~6,000원 정도이다. 반 비는 아이들이 견학을 가거나 투어를 갔을 때 간식비로 쓰인다. 한 반이 졸업 했을 때까지 계속 지속되기 때문에 이월금은 다음 해에 쓸 수도 있고 잔고가 비었을 경우 필요하다면 다시 걷는다. 한국 돈으로 10,000원 정도이다. 반 별로 활동 행사가 있을 때 비품 구입이나 연말 선생님들 선물은 반 비로 사지 않고 추가로 더 낸다. 하지만 이 역시 5,000원 안팎으로 부담 없는 정도이다.

방과 후 프로그램 SFO

대부분의 아이들은 학교 수업 후에 학교 내에 있는 SFO라는 곳에 간다. 이 SFO는 필수는 아니지만 대부분의 아이들은 이곳에 등록되어 있다. 부모들이 거의 일을 하기 때문에 이 프로그램을 이용해서 아이들을 학교에 맡기고 퇴근 시간에 맞춰서 아이들을 데리러 온다. 아이들은 학교 수업 후에 집에 가기 전까지 본인들이 하고 싶은 활동을 자유롭게 하게 된다. 그리기, 만들기를 하거나 장난감을 이용해서 놀기도 하고 놀이터에서 놀기도 한다. 놀이터에는 줄넘기, 훌라후프, 공, 스카이 콩콩, 보드, 각종 자전거, 자동차 같은 것들이 비치되어 있어서 본인이 원하는 것을 선택해서 놀고 제자리에 두면 된다. 그 외에도 춤추기, 보드게임, 컴퓨터 게임 등 다양한 놀이거리가 있으며 원하는 곳으로 가서 활동을 하면 된다. 단, 벽에 설치된 스크린에 본인이 어디에 있는지 체크만 하면 된다.

이는 아이들이 어디에 있는지 SFO 담당 선생님들과 부모들이 쉽게 알 수 있도록 도와주는 것이다.

　이런 학교의 SFO는 지역교회나 클럽에 연결되어 있거나 학교에서 조금 떨어진 건물에 있다. 우리 아이의 학교는 학교 안에 있는 '스키벳Skibet(배)'이라 불리는 곳과 조금 떨어져 있는 '크룬트우운 krudtuglen(화약 올빼미)'이라는 곳 이 두 군데에서 SFO가 이루어진다. 두 군데를 교차하며 다닐 수는 없고 학교 입학 전에 선택하여 자리를 받으면 다닐 수 있다.

　이 방과 후 활동은 학교 내에서만 하는 것이 아니라 교회나 다른 건물로 이동해서도 할 수 있다. 이때 어린아이들(0~2학년)은 어른 없이 이동하기에 위험하기 때문에 아이들의 수업이 끝날 때 혹은 오후 프로그램 시간이 되었을 때 담당자가 학교로 아이들을 데리러 온다. 그 담당자는 아이들의 출석 여부를 파악하고 프로그램이 있는 장소까지 아이들을 데리고 가는데 이러한 제도를 '고우 부스Go Bus'라고 한다.

고우 부스Go Bus
아이들이 방과 후 선생님과 프로그램을 위해 다른 장소로 이동하고 있다.

 덴마크뿐만 아니라 유럽에서는 합창단의 활동이 활발하다. 주로 겨울에 이 활동을 많이 하는 편인데 긴 겨울도 즐겁게 보낼 수 있고 함께 아름다운 하모니도 만드니 일석이조의 일이다. 학교에서도 합창을 원하는 아이들에게 신청을 받아 일주일에 한 번 합창 수업을 한다. 학교마다 운영방식의 차이가 있겠지만 학교 내에서도 하기도 하고 지역 교회와 연결되어 있는 교회의 합창 프로그램을 이용하기도 한다. 이때 어린 아이들은 고우 부스라는 시스템을 이용해 학교에서 교회로 보다 쉽고 안전하게 갈 수 있다. 그리고 거창하지는 않지만 연습한 곡으로 부모나 친구들을 초대하여 연주회도 한다. 우리 아이도 현재 학교 내의 합창 프로그램에 참석하고 있는데 봄에 있을 연주회가 어떨지 궁금하다.

신청자에 한해서 '상트 애내 김나지움Sankt Annæ Gymnasium(예술고등학교 개념)', '상 스콜레Sang Skole(노래학교)'에 간단한 테스트를 통해 들어가서 조금 더 전문적으로 노래 수업을 받을 수 있도록 하는 프로그램도 있어서 노래를 좋아하는 아이라면 누구든 좋은 교육을 받을 수 있는 기회가 제공된다. 그곳에는 먼저 아이들의 음역대를 체크하고 의사선생님이 학교로 와서 아이들의 목 상태를 정기적으로 체크하는 시스템까지 준비되어 있다.

왕따 없는 교실을 위하여

새로운 환경과 새로운 친구들, 그리고 한 번 정해진 반이 0학년부터 9학년까지 이어지기 때문에 무엇보다 아이들의 관계가 중요하다. 그래서 덴마크에는 '라이어그루페Legegruppe'라는 '노는 그룹'이 있다. 따돌림 없이 모든 아이들이 골고루 친하게 지낼 수 있도록 하는 프로그램이다. 학부모 대표에 의해 노는 그룹이 만들어지면 서로 순서를 정해 돌아가면서 부모들이 편한 날짜를 정한다. 그리고 날짜를 해당 그룹에게 공지한 뒤 참석여부를 파악하고, 학교에서 아이들을 픽업한다. 놀이장소는 부모들이 임의로 선택할 수 있다. 집에서 놀 수도 있고 날씨가 좋으면 밖에서 놀 수도 있다. 부모들은 아이들이 안전하게 가고 놀 수 있도록 보호자의 입장에서 아이들을 보호한다. 물론 적극적으로 아이들과 놀 수도 있다. 나 또한 그렇게 적극적으로 같이 놀고 싶은 마음도 있는데 서로 다른 문화는 어쩔 수 없는지 생각만큼 쉽지는 않다. 그래서 아쉬운 마음을 담아 간식에 더 신경을 쓰는 편이다. 이런 식으로 약 5개월간

한 그룹이 지나면 또 다른 그룹이 만들어져서 반 전체의 아이들과 한 번씩은 다 만날 수 있도록 한다.

우리 아이 반의 '노는 그룹'

노는 그룹 외에도 부모들은 아이들의 플레이 데이트에 관해 신경을 많이 쓴다. 서로 날짜를 잡아서 다양한 아이들과 놀 수 있도록 하고 친구들 집에서 잠을 자며 서로 다른 가족문화를 경험하게 하도록 하는 것이다. 이처럼 이들은 어렸을 때부터 긴 시간 동안 함께 친분을 유지하고 서로의 가족과 환경을 알기 때문에 초등학교 때 형성된 커뮤니티와 친구관계가 평생을 간다 해도 과언이 아니다. 그렇기 때문에 부모들은 아이들의 관계에 더 신경을 쓸 수 밖에 없다.

그룹 활동

덴마크에서는 무엇보다 그룹 활동을 중요시한다. 수업도 그룹별로 진행을 많이 하는데 고학년이 저학년을 방문하기도 하고 다른 반 아이들과 같이 그룹을 만들기도 한다. 물론 반 안에서도 그룹 활동을 한다. 고학년이 저학년을 방문했을 경우에는, 아이들은 임의로 정해진 그룹별로 과제물을 해야 한다. 보통 과제는 책을 읽고 그 내용을 정리하는 것인데 고학년은 주로 글쓰기를 담당하고 저학년 아이들은 그림을 그려서 발표자료를 완성한다. 아이들은 이런 과제물만 함께 하는 것이 아니라 쉬는 시간에 같이 어울려 놀면서 친분을 쌓기도 한다.

우리 아이는 이때 만난 언니, 오빠들과 친해져서 - 덴마크에는 언니, 오빠의 개념이 없지만 아이의 어법을 빌리자면 그렇다 - 새로운 친구를 얻었다며 무척이나 좋아했다. 간혹 학교에서 그 아이들을 마주치면 뛰어가 인사하며 안길 정도이니 정말 좋았던 모양이다. 다른 반 아이들과 작업을 하거나 반 친구들과 할 때에도 마찬가지다. 먼저 서로 자신들이 담당한 부분의 자료를 모으고, 모은 자료들을 바탕으로 그 그룹에게 주어진 과제를 완성한다. 이러한 그룹 작업을 통해 개인의 특출함을 굳이 뽐내지는 않는다. 물론 리더십과 좋은 아이디어는 필요하나, 개개인의 돋보임보다는 함께 상의해서 만든 조화의 결과물을 더 중요시하기에 한국 아이들처럼 특별하게 잘 하는 아이는 없지만 낙오자도 없다.

덴마크 하면 머릿속에서 딱 하고 떠오르는 덴마크의 대표작가인 안데르센H. C. Andersen에 대한 그룹활동이 한창일 때가 있었다. 어느 날 학교에 갔더니 안데르센의 생애를 정리한 종이들이 교실 밖 복도에 붙여져 있었다. 한 종이에 4종류로 나뉘어 있었는데 문장과 그림을 이용해 완성한 것들이었다. 아이들이 했다는 것에 기특해하며 하나하나 보고 있는데 그 모습을 본 담임 선생님이 아이들이 이번 수업 주제인 안데르센에 대해 배우면서 만든 것이라며 아이를 불렀다. "가서 엄마에게 설명해 줘" 하며 말이다.

이 작업은 각자 표현하고 싶은 방법으로 그룹활동을 한 것인데 누구는 문장으로, 누구는 그림으로, 누구는 짧은 요약으로 했다. 덴마크에는 '꼭 이렇게 해야 한다'는 것이 없다. 큰 틀만 주어지면 아이들은 각자의 생각을 내고 모르면 질문하고 도움을 찾는 이에게 도움을 주는 식으로 과제를 완성해 나간다. 조금 더 알고 있으면 아는 걸 나누고 모르면 묻는 것이다. 누가 더 잘하고 못하는지는 중요하지 않다. 함께 가는 것이 중요하다.

학교 복도에 전시된 안데르센에 대한 그룹활동의 결과물들

숙제는 거의 없다. 책 읽기와 수업 시간에 다 하지 못한 과제를 다음 시간까지 해 오는 것 정도가 전부이다. 이것마저도 무조건 '다 해야 한다'는 아니다. 선생님은 아이들과 학부모들에게 "원한다면 해도 된다. 하지만 못다 한 과제 외에 다음 시간에 배울 학습 과정을 미리 하지는 말라"고 당부한다. 공부할 내용을 미리 훑어보는 것은 괜찮지만 책에 있는 문제들 혹은 과제물들은 미리 하지 못하도록 하고 있다. 우리는 "왜?"라고 생각하지만 이들은 결코 서두르는 법이 없다.

덴마크 생활 TIP

덴마크의 각 학교에는 '렉셔 카페Lektie cafe(숙제 도와주기)'라는 제도가 있다. 이것은 말 그대로 아이들의 숙제를 도와주는 시스템이다. 만약 이 시스템을 원하는 아이들이 있다면 미리 신청을 하면 된다. 방과 후에 '프리칠스옘Fritidshjem(방과 후 시간을 보내는 곳)' 또는 SFO에서 렉셔 카페를 이용할 수 있고 각 도서관에도 이 시스템이 있어서 신청 후에 이용할 수 있다. 아이들은 이 시스템을 통해서 선생님이 내준 과제물을 그곳에 있는 선생님과 함께하며 도움을 받을 수 있는 것이다. 더군다나 이 시스템은 저학년에만 있는 것이 아니라 중등, 고등, 심지어는 대학교 과정에서도 원한다면 이용할 수 있다. 실제로 대학을 다니는 친구도 학교 공부하는 중에 혼자 하기 힘든 부분은 이 제도를 이용해 도움을 받는다고 한다. 저학년 아이들은 선생님을 통해서 직접 렉셔 카페 서비스를 받을 수 있고 고학년이 되면 컴퓨터를 이용하여 신청할 수 있어서 누구나 공부를 하다가 혹은 과제물을 하다가 힘들면 이 시스템을 이용해 문제를 해결할 수 있다. 좋은 점수를 받아 좋은 학교를 가기 위해 과외를 받거나 학원을 가는 한국과는 조금 다른 개념의 과외나 공부 도우미라고 할 수 있다. 한국의 과외나 학원과 가장 큰 차이점은 '비용'의 문제인데, 렉셔 카페는 필요하면 누구나 손쉽게 무료로 이용할 수 있다. 렉셔 카페, 볼수록 참 스마트한 제도라는 생각이 든다.

체육활동

덴마크는 주민등록증을 가진 사람이라면 누구나 무료로 병원 진료를 받을 수 있는 의료시스템을 가진 나라다. 그래서 국가에서는 의료비 부담을 줄이기 위해 국민들의 체육활동을 적극 권장한다. 아이들도 학교에서 체육시간은 꼭 필요하다고 생각하고 덴마크 전체학교에서 모션스 데이를 정해서 움직일 수 있도록 할 만큼 중요하게 여긴다. 그렇기 때문에 학교 체육관과 스포츠 클럽들이 잘 연결되어 있어서 누구나 원하면 쉽게 저렴한 가격으로 참여할 수 있고 정부의 지원도 많은 편이다.

특히, 수영은 필수항목으로 학교에서도 4학년부터는 체육시간에 수영이 포함된다. 섬이 많은 나라이기 때문에 당연히 물도 많아 특별히 수영금지가 표시되어 있지 않다면 꼭 바닷가 쪽으로 나가지 않더라도 누구나 수영을 즐길 수 있다. 그리고 바닷물이 흐르는 지역 곳곳에 시설을 마련해서 야외 수영장처럼 꾸며 놓았기 때문에 남녀노소 할 것 없이 시민들은 쉽게 물놀이를 즐길 수 있다. 이들에게 수영은 자유형, 배영, 평영 등 그런 것이 중요한 게 아니다. 물과 가까이 있기 때문에 목숨과도 연결된 부분이며, 즐기기 위한 스포츠이자 건강을 위한 활동이기도 하다. 여름에는 즐기고 겨울에는 건강을 위해 물에 뛰어든다. 자전거를 타듯 수영도 일상인 것이다.

얼마 전, 친구의 소개로 서커스를 배울 수 있는 곳을 알게 되었다. 아이도 관심 있어 하여 서커스 수업에 등록을 해 지금은 이곳에서 서커스를 배우고 있다. 특별히 수준 높은 것을 배우지는 않지만 외발 자전거부터 시작해서 훌라후프, 공중그네, 줄타기, 저글링

등 본인이 원하는 것을 선택해서 배울 수 있다. 대략 7~12세 정도의 다양한 연령대가 함께 수업을 받고 있어서 먼저 서커스를 시작하거나 좀 더 나이가 있는 아이들이 자기보다 어린 친구들을 자연스럽게 도와준다. 서로 도와가면서 협력하기 때문에 이곳 역시 잘하고 못하고는 중요하지 않다. 함께 뛰며 즐기는 것이 더 중요하다.

우리 아이가 참여하고 있는 서커스 수업(좌)과 발레수업(우)의 공연 장면

수업을 지켜보고 있으면 생각보다 아이들의 움직임이 상당히 많다. 본격적으로 수업에 들어가기 전에 하는 몸풀기 준비운동은 거의 PT 수준이다. 아이들의 체력이 대단하게 느껴질 정도로 운동량이 많다. 그리고 서로 도와가며 협력해서 하는 것이 보기 좋다. 부모들도 지켜보면서 아이들에게 응원을 아끼지 않는다. 잘해도 박수, 실수를 해도 박수를 보낸다. 그리고 수업이 끝날 때쯤 오늘 배운 것이나 훈련한 것 중에서 발표하고 싶다는 아이들이 있으면 기다리고 있는 부모들에게 짧게나마 공연을 보여 주기도 하고 피드백

시간을 갖기도 한다. 그래서 선생님이 오늘 수업이 어떠했는지 아이들에게 묻고 아이들은 각자의 의견을 내며 보완이 필요한 곳에는 부족함이 채워질 수 있도록 노력한다. 그리고 한 학기가 끝날 때 부모들을 초대하여 그 동안 배운 것들을 선보이며 작은 공연을 펼친다. 부모들의 반응은 뜨겁고 그 호응에 힘입은 아이들은 더 신나게 그 무대를 즐긴다.

교내 치과

덴마크에는 교내에 치과가 있어서 아이들의 치아관리가 잘되는 편이다. 반 전체가 치과를 방문해서 아이들의 이 상태를 정기적으로 점검하고, 부모들이 시간을 예약해 놓으면 치과에서 선생님이 아이를 데리러 교실로 온다. 그래서인지 아이들이 치과 가는 것에 대한 두려움도 덜한 편이다. 교내에서 치과를 손쉽게 이용할 수 있기 때문에 일하는 부모도 치과 방문을 위해 일을 쉬어야 하는 번거로움을 피할 수 있어 일석이조이다. 실제로 우리 아이도 학교에 있는 치과를 가고 싶다고 나에게 매번 조를 정도이다. 또한 이갈이가 한참인 아이들이 만약 학교에서 이가 빠질 경우에는 이를 담을 수 있는 작은 박스를 치과에서 지급해 주는데 그곳에 빠진 이를 담아 본 딸아이는 학교에서 또 이가 빠졌으면 좋겠다고 이야기할 만큼 학교 치과를 좋아한다.

교내 치과 간판(좌)과 가는 길(우). 치과 내부는 촬영 금지여서 찍지 못했다.

훈육

아이를 키우다 보면 훈육이 없을 수가 없다. 이곳 아이들은 대체적으로 부모가 "나이nej(아니야)"라고 말하면 그 말을 순순히 받아들이고 행동하는데 그것을 보면 새삼 놀라지 않을 수가 없다. 슬픈 현실이지만 우리 아이는 그렇지 않으니까….

간혹 딸아이의 플레이 데이트를 위해서 친구들을 데리고 집에 갈 때의 모습만 봐도 그렇다. 내가 "나이"라고 했을 때, 우리 아이만 유독 고삐 풀린 망아지처럼 자유로운데, 왜 그런 건지 모르겠다.

그래서인지 만약 주위에서 부모들이 자신의 아이들을 훈육하는 장면을 보거나 듣게 될 때에는 나도 모르게 관심이 간다. 이곳 부모들은 대부분 화부터 내거나 소리를 지르지는 않는다. 일단 조용히 나가거나 아이에게 차분히 상황 하나하나를 설명을 해서 아이를 이해시키는 분위기이다. 그리고 제일 중요한 것이 있는데, 항상 일관성이 있다는 것이다. 하지만 우리가 보기에는 그 모습들이 종종 답답하게 보이고, 저렇게 차분히 해도 설명이 되는지 의문이 드는 것도 사실이다. 이렇게 교육 받고 자라온 이들로서는 이 방법이 당연한 것이겠지만 말이다. 생각해 보면 아이들도 처음부터 부모에게 혼이 나기보다 왜 안 되는지에 대한 설명을 듣다 보면 그 말이 이해가 되면서 '앞으로 내가 이렇게 하면 안 되겠구나' 하는 생각이 들 것 같긴 하다. 그래서 부모님이 "나이"라고 하면 그 말에 쉽게 수긍을 하는 것인지도 모르겠다.

학교에서도 마찬가지이다. 선생님은 아이를 공개적으로 훈육하지 않는다. 조용히 따로 불러서 얘기한다. 아이가 화가 많이 났거나 흥분을 했다면 혼자 삭힐 시간을 충분히 준 후 다시 대화를 시도한다. 물론 아이들의 성향이 다 다르기 때문에 혼자만의 그 시간이 힘든 아이들도 있을 수 있다. 어떤 방법이 아이들에게 더 옳은지는 알 수 없지만 지극히 개인적인 나의 생각은 아이에게 혼자만의 시간을 줌으로써 아이 스스로 자신의 행동에 대해 생각하고 선생님으로부터 이야기를 들을 준비가 되도록 하는 것이 더 좋다는 쪽이다. 아무래도 곧바로 대화를 시도하는 것보다는 훨씬 대화가 쉬워질 테니 말이다.

만약 문제가 클 경우엔 학교에서 부모에게 따로 알린 후 부모와 함께 이야기를 나누며 해결 방법을 같이 찾아간다. 그리고 문제에 대해 공론화를 시키지 않기 때문에 다른 부모들에게 선입견이 생기지 않도록 주의하는 모습도 볼 수 있다. 칭찬도 마찬가지이다. 선생님들은 공개적으로 칭찬하지 않는다. 개인적으로 학부모를 만났을 때 이야기를 한다. 그리고 그때는 아주 사소한 것도 칭찬해 준다. 예를 들어 딸아이가 유치원을 다닐 때 줄넘기를 했었는데 선생님은 딸아이가 처음 줄넘기를 했음에도 불구하고 오랫동안 잘 뛰었다며 칭찬을 하는 것이다. 역시 이들은 사소함에서 행복을 찾는다.

지금은 아이들이 자라서 덜 하겠지만 1학년 때만 해도 수업시간에 집중하지 못하고 장난치는 아이들이 종종 있었던 것 같다. 그러면 선생님은 경고도 하지만 신선한 아이디어를 아이들에게 제안하는 경우가 많았다. 신선한 아이디어란, 잘 참고 수업에 임했을 경우 수업을 마치기 전 5~10분 정도를 그 아이만의 시간으로 주어서 하고 싶은 대로 할 수 있도록 해주는 것이었다. 아이가 충분히 에너지를 방출할 수 있도록 말이다. 이 이야기를 아이로부터 전해 들은 나는 나도 모르게 무릎을 탁 쳤다. '아, 이런 방법도 있구나!' 하고 말이다. 조금은 우스꽝스러운 해결책이긴 하지만 참 덴마크스러운 방법이었다.

교통 지도

한국에서는 녹색 어머니회 같은 곳에서 아이들의 안전한 등하교를 위해 봉사한다면, 이곳은 6학년 정도가 되면 학생들이 직접 원하는 요일을 정해서 학교 근처를 지역별로 나누어 교통지도를 하게 된다. 물론 학교마다 운영 방식에는 다소 차이가 있긴 하다. 학교 근처 건널목에서는 차들도 속도를 줄여 조심하는 편이기도 하다. 한국과 마찬가지로 속도를 내지 못하게 과속방지턱이나 안내표지판 등 여러 교통규칙이 시행되고 있으며 운전자들과 보행자들도 서로 조심하는 편이다. 게다가 아이들의 봉사까지 이루어지고 있으니 사고의 위험이 더 적을 수 밖에 없다. 아이들이 이런 봉사를 빠지지 않고 수료하면 지역경찰서에서 소정의 상품권을 주거나 파티를 주최해 파티를 즐기게 해준다. 아이들의 안전 의식을 높이고 봉사를 권장하기 위한 것이다.

덴마크의 방학

덴마크는 한국과 달리 8월, 즉 32주부터 학기가 시작되는데 학교의 방학을 살펴보면 다음과 같다.

학기가 시작되고 10월, 42주 주간에 한 주간 가을방학이 있다. 예전에는 이 시기에 학생들도 감자를 캐러 다녔다고 해서 '감자방학'이라고도 한다. 12월, 52주 크리스마스 전후로 해서 새해까지 '크리스마스 방학'이 있다. 2월인 7주에 한 주 겨울방학이 있는데 사람들이 이 시기에 스키를 타러 많이들 가기 때문에 '스키방학'이라고도 불린다. 그 후 봄을 알리는 3, 4월에 '부활절 방학'이 한 주간 있는데 부활절은 교회 달력에 따르기 때문에 마치 한국의 음력처럼 날짜가 해마다 조금씩 다르다. 학기의 끝을 알리는 '여름방학'은 26주인 6월 마지막 주부터 약 한달 동안으로 방학 중 가장 길다.

덴마크는 일 년을 52주로 보고 주 단위를 사용하는 것이 일반적이다. 주 단위는 가까운 독일에서도 많이 사용한다.

이때가 되면 학교의 시험들도 다 끝이 나고 여름 휴가를 기다리며 방학을 맞이하기 때문에 아이들이 많이 들떠 있는 상태이다. 아니, 날씨도 점점 좋아지고 해도 길어지는 시기여서 아이들뿐만 아니라 대체적으로 모든 사람들이 들떠 있다고 보는 게 맞겠다.

어둡고 추운 긴 겨울을 보내며 덴마크 사람들은 여름 휴가를 기다린다. 학교도 방학 중 여름방학이 제일 길고 대부분의 사람들이 여름에는 여행을 떠나서 휴가철에는 온 동네가 조용할 정도다. 유치원과 학교에서는 여름 방학이 되면 재미있는 과제를 준다. 예를 들면 작은 가방을 나눠주고 휴가 때 그 가방을 들고 가 기념할 만한 것들을 담아 오라고 하는 식이다. 비행기표, 입장권, 휴가지에서 찾은 솔방울, 작은 돌, 사진, 그림 등 다양한 것들을 가방에 담아 와 방학이 끝나고 선생님께 제출하면 가방 안에 있는 물건들을 큰 종이에 붙여 교실이나 복도에 전시한다. 아이들은 그것들을 보며 서로의 휴가에 대해 얘기하며 나눈다. 종이에 이러한 것들을 직접 부모들과 함께 만들어 오는 아이도 있고, 학교에서 작은 노트를 주면 그곳에 정리해 오는 아이도 있다. 더 재미있는 건 여행지에서 엽서나 편지를 써서 학교로 우편으로 보내는 것인데, 방학이 끝나고 그 편지를 읽으며 휴가에 대해 이야기를 하기도 한다.

아이가 0학년일 때 우연히 여름 방학식 장면을 볼 수 있었다. 우리가 그러했듯 전교생이 학교 체육관에 모여서 떠나는 선생님에게 인사하고 교장 선생님의 간단한 연설을 들었다. 아이들이 음악에 맞춰 춤을 추는 공연도 있었다. 공연도 공연이지만 이들의 호응이 대단했다. 별것 아닌 것에도 환호와 격려를 아끼지 않았다. 그러고는 마지막으로 '여름방학'이라는 노래를 부르며 체육관 안을 열광의 도가니로 만들어 버렸다. 처음 경험한 나로서는 이런 상황이 어리둥절하기도 했지만 아이들과 선생님들은 1년간의 노력과 수고를 생각하며 행복한 모습이었다.

여름 방학이 시작되면 아이들은 마냥 즐겁지만 엄마들은 걱정이 되기 시작한다. 이 긴 시간을 어떻게 보내야 알차게 보낼 수 있을까 걱정이 되기 때문이다. 빨리 방학이 끝나고 학교에 보내고 싶다는 생각이 크다. 나 또한 마찬가지이다. 방학이 되면 어떻게 보낼까 하는 생각에 가끔은 머리가 아프다.

방학 중 가장 긴 여름 방학에 맞춰 많은 사람들이 휴가를 떠난다. 긴 시간을 이용해서 휴가를 즐기는 사람들은 아이의 방학에 뭘 할까 상대적으로 고민을 덜 해도 되지만 그렇게 하지 못하는 사람들은 사정이 다르다. 하지만 코뮌에서 운영하는 여름캠프 '솜머클로니Sommerkoloni'나 다양한 방학 프로그램이 있어서 부모들은 걱정을 한시름 놓는다.

2017년 여름 캠프 광고지

캠프 일정과 프로그램, 신청방법 등을 소개하고 있다. 이 광고지를 보고 우리 아이도 이 캠프에 참여했다.

캠프 프로그램은 요리, 자연, 연극, 그림, 동물 등 테마별로 다양하게 마련되어 있다. 역시 개별부담금은 있지만 코뮨 지원이 있어서 부담이 큰 편은 아니다.

보통 1주나 2주 정도 참가할 수 있는 캠프 역시 체육활동, 동물 돌보기, 연극, 자연에 가서 동물을 보고 야외활동 하기, 그림 그리기, 음식 만들고 활동하기, 보통 휴가 보내기 등의 다양한 프로그램으로 구성되어 있는데 거의 야외활동이 많다. '보통 휴가 보내기'는 학교처럼 그룹에 선생님과 아이들이 반을 이루어 1~2주를 생활하는 것이다. 친한 부모들은 이 프로그램에 신청하기 전에 미리 몇 주에 이곳에 보낼지 서로 상의한다. 부모와 떨어져서 먹고 자야 하니 아이들에게 익숙한 같은 반 친구들끼리 그룹을 이루면 아무래도 적응하기가 쉽기 때문이다.

'보통 휴가 보내기'를 신청한 아이들은 정해진 장소에 짐과 준비물을 챙겨 모이게 된다. 지난 여름, 우리 아이도 이 프로그램에 참가하였다. 바닷가 근처에 있는 곳으로 가기 때문에 수영복도 챙겨야 한다. 갈아 입을 옷들과 세면도구, 이불을 챙긴다. 아이들은 체육 활동 때 입을 단체복을 직접 만들기 때문에 무늬 없는 흰색 티셔츠도 챙겨야 한다. 같이 즐길 수 있는 카드나 보드게임, 안고 잘 인형과 책, 군것질을 할 용돈도 챙겨 오라고 한다. 금액은 50~100크로네(한화로 10,000~20,000원) 정도이다. 또한 혹시 모를 사고를 대비해 아이들의 신분증과 담당 의사의 이름과 전화번호도 전달한다. 아이들의 물건에 일일이 이름과 전화번호를 적으며 짐을 싸다 보면 시간도 많이 걸리고 생각보다 꽤 부피가 커진다. 아이들이 이 짐을 잘 챙길 수 있을까 걱정하며 데려다 주면 어느새 출석체크가 끝나고 짐을 실은 아이들은 버스에 오르기 시작한다. 아이들은 부모들을 향해, 부모들은 아이들을 향해 작별의 인사를 나눈다. 무사히 즐거운 시간을 보내고 돌아오길 바라며 부모들은 돌아간다.

아이들은 신나게 시간을 보낸 듯했다. 날씨가 좋지 않아 추운데도 바닷속에 들어가 물놀이를 했다 하고 친구들, 선생님과 함께 다양한 놀이 활동을 통해 휘게한 시간을 보냈다고 이야기했다. 부모와 긴 시간을 떨어져 보내야 하는 아이들은 휴대전화를 사용할 수는 없지만 부모들이 보고 싶으면 담당 선생님께 부탁하여 전화할 수 있다. 우리 아이도 가끔 전화해서 자신의 안부를 전했다. 부모들은 아이들이 그곳에서 가족들의 편지나 엽서를 받을 수 있도록 주최측으로부터 미리 정보를 받는다. 많이 받을 수록 아이들의 기쁨은 커지니 이곳 사람들은 할머니, 할아버지도 동원해서 편지를 보내곤 한다. 다른 식구가 없는 우리로선 각 하나씩 보내서 아이가 두 통의 편지를 받을 수 있게 했다. 그럼 아이들은 그곳에서 부모들에게 편지를 써서 집으로 가져온다. 요즘은 문자나 메일로 소식을 전하다 보니 손편지를 쓸 일이 별로 없는데, 그때 썼던 손편지가 참 낭만적으로 다가왔다.

프로그램의 마지막 날은 파티다. 파티를 좋아하는 이들답게 파티 의상도 준비해야 한다. 바비큐 파티를 하며 음악에 맞춰 춤도 추고 엄청 즐거웠다며 한참 수다를 떨었다.

철저하게 덴마크 스타일로 한 주를 살다 온 딸은 한동안 잔디만 보면 신발을 벗어 던졌다. 캠프에서 거의 신발을 신지 않았다며. 그곳에는 잔디와 모래, 바다뿐! 신발을 신을 일이 별로 없었다고 한다.

그렇게 한 주 뒤, 출발했던 그 장소에 다른 부모들과 같이 가서 아이들을 데려왔다. 이곳 부모들은 일찍부터 나와서 덴마크 국기를 들고 아이들을 맞이할 준비를 하고 있었다. 우리와는 사뭇 다른 풍경이었다. 생각해 보니 공항에서도 덴마크 사람들은 국기를 들고 가족이나 손님을 맞이 하는 것을 자주 봤다. 이들만의 문화이다.

아이들이 타고 갔던 버스가 오기 시작하면 부모들은 국기를 흔들며 아이들에게 인사하고 아이들도 차 안에서 각자의 부모를 찾으며 열심히 손을 흔든다. 각자의 부모 품으로 뛰어가 안기는 아이들….

꼬질꼬질하게 돌아온 우리의 아이들은 또 그렇게 성장을 했다.

덴마크의 도서관

덴마크는 지역별로 시립도서관 개념의 도서관이 있고 그 도서관을 유치원이나 학교는 물론 개개인도 잘 이용하는 편이다. 유치원에서부터 아이들은 선생님과 규칙적으로 도서관을 방문한다. 그곳에 가서 읽고 싶은 책들을 골라 오면 선생님이 아이들을 모아 책을 읽어 주며 시간을 보내거나 도서관에 있는 장난감을 이용해 자유롭게 논다. 더 읽고 싶은 책들이 있으면 빌려 와서 유치원에서도 책을 읽을 수 있도록 한다. 각자 놀다가도 책이 읽고 싶으면 선생님께 책을 읽어 달라고 하는데, 가끔 아이들을 데리러 온 학부모들이 책을 읽어 주는 경우도 있다.

어느 날 유치원에 갔을 때 교실 책꽂이에 뽀로로 책이 있는 것을 보고 무척 반가웠던 적이 있다. 한국 엄마라면 누구나 공감할 우리의 뽀통령 '뽀로로' 말이다. 우리 아이 역시 뽀로로를 한참 접하며 자랐기 때문에 본인도 덴마크어로 번역된 뽀로로 책을 보고 신기해하면서 반가워 했다. 그리고 그 책을 가지고 와 읽어 달라고 했다. 이처럼 규칙적으로 어릴 때부터 도서관을 다녀서 그런지 이들의 도서관 출입은 너무나도 자연스러운 일상이다.

코펜하겐 도서관의 어린이관
어린이관에는 도서뿐 아니라 놀이를 위한 다양한 시설들이 마련되어 있다.

헬러럽Hellerup(코펜하겐 근처에 있는 도시이름) 도서관의 입구(좌)와 어린이관 모습(우)

도서관 이용이 자연스러운 곳답게 도서관에는 다양한 책들이 많다. 아이들부터 노인들까지 모든 연령대가 다 이용할 수 있도록 되어 있다. 책 외에도 악보, 음악CD, 영화DVD, 게임CD까지 '노란 카드(덴마크의 신분증)'만 있으면 누구나 손쉽게 빌려서 이용할 수 있다. 각 책과 CD 등은 종류별로 다르긴 하지만 보통 짧게는 일주일 길게는 한 달 동안 빌릴 수 있다. 이로 인해 덴마크 사람들은 책값에 크게 부담을 느끼지 않고도 많은 양의 책을 읽을 수 있다.

코펜하겐 도서관
로비에 악기를 연주할 수 있는 연습실(좌)와 음악을 들을 수 있는 공간(좌)이 마련되어 있다.

덴마크 생활 TIP

'노란 카드'는 거주자들에게 지급하는 주민등록증 같은 신분증을 말한다. '굴트 쉬에 시크링스 베비스Gult Sygesikrings Bevis' 혹은 '순힐스 코트Sundheds Kort'라고 하는데, 덴마크 사람들은 간단히 '굴 코트Gult Kort(노란 카드)'라고 부른다.

학교 안에도 별도로 도서관이 마련되어 있어서 일주일에 한 번씩 도서관에 가는 날이 정해져 있다. 각자 읽을 책들을 골라서 빌려 읽고 그 책을 다시 반납하는 시스템이다. 한창 글을 읽고 쓰는 2학년의 경우, '레세콘트락트Læsekontrakt'라는 시스템을 이용해서 아이들에게 책 읽기 훈련을 시킨다. '레세콘트락트'란 각자 정해진 날까지 100페이지 혹은 200페이지 분량의(목표량은 선생님이 정한다) 책을 읽는 것이다. 학생이 학생 사이트에 들어가서 자신이 읽은 책 제목과 작가 이름을 적어 정해진 목표분량까지 채워 나가면 선생님은 그 상황을 손쉽게 체크할 수 있다. 하지만 이 시스템을 이용하고 얼마 지나지 않아 아이들은 서로 경쟁이 붙어서 자신이 뭘 읽었는지 기억도 못하고 글자가 얼마 없거나 간단한 문장들로만 이루어진 쉬운 책들로 장 수 채우기에만 급급해졌었다. 그로 인해 우리 아이의 반은 이 읽기 시스템을 한동안 중단하고 규칙을 정비해서 다시 시작하기도 했다.

자연에서 자라는 아이들

어둡고 추운 긴 겨울이 지나고 봄이 되면 어느덧 주위에는 풀이 자라고 꽃이 피기 시작한다. 그리고 이곳 덴마크는 여름을 향해 점점 밝아진다. 아이들뿐만 아니라 어른들도 그간 보지 못했던 태양을 만끽하며 조용히 산책을 즐기는 것을 자주 볼 수 있다. 그러다 보니 아이들의 야외활동 또한 더 늘어난다. 날씨가 좋으면 아이들은 햇살을 맞으며 제각각 계단에 앉아 있기도 하고 자유롭게 자리를 정해 앉아 수업을 듣고 각자의 할 일들을 한다. 가끔은 학교 운동장이나 놀이터에도 그냥 주저 앉아 아이들이 과제물을 할 정도로 야외 생활을 즐긴다. 특히 자연 수업을 할 때는 말 그대로 자연에 나가 수업을 하는데 나무를 관찰하고 직접 곤충을 잡기까지 한다. 그렇게 밖에서 아이들은 나뭇가지를 줍고 꽃도 꺾으며 시간을 보내다 교실로 돌아간다.

야외 수업 중인 학생들
날씨가 좋은 날이면 교내 야외에서 수업 중인 학생들을 볼 수 있다.

우리 아이는 유난히 나뭇가지와 꽃을 좋아한다. 항상 사물함에는 나뭇가지가 놓여 있을 정도로 말이다. 그리고 나는 몰래 그것을 버리기 바쁘다. 그러던 어느 날 아이를 데리러 학교를 갔더니 딸은 꽃병을 두고 나왔다며 교실로 다시 들어가서는 종이컵을 들고 나왔다. "뭐야? 웬 꽃?" 하고 물었더니 딸아이는 "이거 내가 학교 주변에서 모은 꽃들인데 이 꽃을 못 버리고 교실로 갔거든. 그랬더니 선생님이 종이컵에 물을 담아 줬어. 이렇게 하면 꽃병이 된다?"라고 자랑하듯 말했다. 미니 꽃병을 아주 만족해하는 눈치였다. 그리고 그 후로 주변에 꽃이 보이면 꽃병 만드는 것을 즐기기 시작했다. 생각해 보니 산책을 하다 보면 종종 꽃이나 가지들을 가지고 가는 사람들을 본 기억이 있다. 집을 꾸미기 좋아하는 이들은 본인들이 직접 자신의 정원이나 숲에서 꽃이나 나뭇가지 등을 채취해 꽃 장식을 하는 것이다. 그리고 이렇게 꾸며 놓은 것을 보면 이들의 센스를 배우고 싶을 만큼 예쁘다.

우리집 발코니
어느 날 딸아이가 꽃과 풀을 꺾어 와 직접 만든 꽃병으로 발코니 테이블을 꾸몄다.

꽃병을 만드는 것 외에도 이들이 자연을 이용하는 것을 보면 재미있는 것이 많다. 여름이 오기 시작하면 자주 마시는 물이 있는데 '휠레블롬스터Hyldeblomst'라고 한다. 꽃과 레몬, 설탕을 넣어 끓인 뒤 식혀서 마시는 일종의 주스 같은 것이다. 물론 슈퍼에서 쉽게 사서 마실 수도 있지만 이들은 가족들과 함께 산책할 때 이 꽃을 채집해서 집에서 만드는 것을 더 즐긴다.

이들은 꽃뿐만 아니라 과일들도 많이 따 간다. 산책을 하다가 혹은 자전거를 타고 가다가 나무에 사과나 배, 자두, 복분자 등 열매가 맺힌 것을 보면 걸음을 멈춰 열매를 따다가 각자의 입으로 넣는다. 지난 여름에 친정식구들이 덴마크에 놀러 왔을 때 친정엄마는 '딸기 따기'에 재미가 들려서 아침마다 새로운 딸기밭을 찾아 신나게 산책을 다녔었다.

우리가 생각할 때는 '자연을 사랑하고 아낀다는 사람들이 이렇게 마구 채집해 가도 되는 건가?' 하는 의문을 가질 수도 있다. 하지만 왕실에 속해 있거나 사유지인 공원이 아니라면 자연적으로 생긴 열매나 꽃을 채집하는 것이 얼마든지 허용되기 때문에 시민들이 손쉽게 자연에서 다양한 재료들을 얻을 수 있다.

덴마크는, 특히 코펜하겐은 섬이기 때문에 바람이 항상 많은 편이다. 그러던 어느 날 유난히 바람이 많이 부는 날이 있었는데 숲에서 오전부터 아이들의 목소리가 많이 들려서 '바람이 이렇게 부는데도 유치원에서 투어를 나왔나?' 궁금해서 소리가 나는 곳으로 발걸음을 옮겨 보았다. 가서 보니 선생님과 아이들이 연을 날리려고 준비를 하고 있었다. 바람이 많이 부는 날이니 그 바람을 이용해 신나게 연 날리기를 하며 아이들과 시간을 보내려고 했던 것이다. 연의 종류도 다양했다. 어떤 선생님은 마치 패러글라이딩과 같이 큰 연을 날리려고 시도하기도 했고 아이들은 작은 연을 들고 재미있게 뛰어다녔다. 덴마크 사람들은 바람이 왜 이렇게 많이 부냐며 바람을 피해 실내에만 있는 것이 아니라 그 바람을 즐긴다. '역시 자연환경을 잘 이용하고 이겨내는구나'라는 생각이 들었다.

연날리기를 즐기는 딸아이와 반려견 루피
우리 아이 역시 바람이 많이 부는 날에는 연날리기를 즐긴다.

아이와 부모가 함께
행복한 덴마크 학교 행사

클라세 밤세Klasse bamse(교실 곰인형)와
틱 오우 톡Tik og Tok(요정)

아이들의 동심을 살려 주려는 의미인지 호기심을 자극하려는 의도인지는 모르겠지만, 덴마크 학교에서는 아이들이 인형이 마치 살아 있다고 상상하게 한다.

'클라세 밤세Klasse Bamse'는 덴마크말로 '교실 곰인형'이란 뜻이다. 금요일이 되면 반에서 제비를 뽑아 이름이 뽑힌 아이가 주말 동안 곰인형을 집으로 가져가서 논다. 놀 때도 잘 때도 항상 그 곰인형을 가지고 있는데 이 인형은 반별로 조금씩 다를 수 있고 이름을 붙여 주기도 한다. 그렇게 이 인형을 가지고 놀다 아이가 잠이 들면 부모들은 조금 바빠진다. 왜냐하면 아이들이 잘 때 이 인형이 귀여운 사고를 쳐야 하기 때문이다. 장난감을 어질러 놓거나 과자를 다 먹어 치우기도 하고 집안에 있는 의자들을 엎어 놓거나 우유를 초록색으로도 바꿔 놓아야 한다. 아이들은 아침에 일어나자마자 자신의 밤세가 말썽을 부렸는지 얌전히 잘 있었는지는 궁금해

덴 마 크 식 행 복 육 아

하며 집안을 확인한다. 그리고 밤새 벌어진 어마어마한 일들을 확인하며 무척이나 놀란다. 그럼 부모들은 밤세가 저지른 것들을 사진찍어서 아이와 함께 기록으로 남긴다. 아이들은 학교에 가면 이 일을 친구들에게 알려야 하니 월요일이 되기를 손꼽아 기다린다. 인형과 인형의 만행이 적힌 노트를 들고 학교에 가면 선생님은 주말 동안 밤세가 친 말썽에 대해 친구들에게 읽어 준다. 그러면 아이들은 우리 집에서는 어떤 말썽을 부릴지를 궁금해하며 한 주를 보내고 금요일에 꼭 자기의 이름이 뽑히길 기대한다. 그렇게 클라세 밤세가 아이들의 집에 한 번씩 방문하게 되면 이 이벤트는 끝이 난다.

요정인 '틱 오우 톡Tik og Tok'도 같은 맥락이다. 이건 딸아이가 유치원에서 했던 크리스마스 요정인데, 매년 크리스마스가 다가오면 순서표에 따라 여자 아이들은 tik요정을, 남자 아이들은 tok요정을 가지고 가서 역시 주말을 보내고 온다. 말썽의 종류는 클라세 밤세처럼 부모들의 아이디어에 따라 다양하게 나타난다. 그리고 아이들은 이 요정들이 자신들이 잘 때만 살아나서 움직이며 말썽을 부리다가 자신이 보면 다시 인형이 된다고 생각하기 때문에 평소보다 더 빨리 잠자리에 들고는 한다. 만화에 나오는 일들처럼 말이다. 이렇게 아이들은 안데르센의 나라답게 동심을 키우며 자란다. 이렇듯 학교에서 혹은 유치원에서 재미난 일들이 일어난다고 생각하니 학교 가는 것이 즐겁기만 하다.

1학년 때의 교실 곰인형
교실 곰인형과 함께 집으로 가는 길 내내 아
이는 흥분을 감추지 못했다. 인형을 손에서
한 번도 내려놓지 않았고, 마트에서 뭔가 사
달라는 말도 하지 않았다.

유치원 때의 틱 요정
틱 요정과 함께 눈썰매를 타고 집으로 돌아
가고 있다.

파티

덴마크 사람들은 파티를 좋아하기 때문에 어릴 때부터 조그마한
파티들을 자주 접한다. 예를 들어 MGP 파티에서는 올해는 누가 1,
2, 3등을 할지 아이들이 맞혀 가며 그 노래를 부르고 춤을 춘다.
말 그대로 열광의 도가니이다. 이런 파티는 방송 시간에 맞춰서 부
모들이 생일파티 테마로 잡거나 반 여자아이들 - 주로 여자아이들
이 즐기기 때문에 주로 여자아이들 중심으로 파티가 개최된다 - 파
티로 개최된다. 시간은 보통 18~19시에서 22시까지로 한다.

해가 길어지고 날씨가 따뜻해지면 여기저기서 바비큐 파티를 여
는데 딸아이의 반도 행사 중 하나로 바비큐 파티를 연다. 장소는

학부모 대표들이 의견을 모아서 결정하지만 많은 사람들이 참가하기 쉽도록 아파트 안에 있는 정원과 놀이터를 주로 이용하는 편이다. 참가 여부를 파악하고 각자 자신들의 가족들이 먹을 만큼의 고기와 소시지, 아이들이 좋아하는 마시멜로를 준비해서 모인다. 각자 편하게 자리를 정해서 앉고 이야기를 나누며 준비해온 음식들을 나눈다. 아이들은 친구들과 재미있게 놀다가 배고프면 와서 먹고 즐기는데 우리 어렸을 때의 나들이와 별반 차이가 없다. 특별하다면 주말이 아닌 평일 오후에, 학교 행사인 바비큐 파티를 온 가족이 여유롭게, 휘게한 여름 저녁시간을 즐길 수 있다는 것이다.

학교뿐만 아니라 내가 현재 살고 있는 아파트 단지 내에서도 날씨가 좋은 여름날에는 '그릴 파티를 즐길 예정이니 원하는 사람은 각자 음식을 준비해서 같이 나누자'라는 공지를 접할 수 있다. 철저한 개인주의 속에 살아가는 이들이지만 우리가 알고 있는 것과는 사뭇 다르게 더 이웃과 나누며 왕래하는 모습에 놀라게 된다. 반면, '이웃 사촌'이란 말도 있는 한국에서는 요즘 충간 소음이나 주차 등의 문제로 이웃간 싸움이나 심지어 살인까지 일어났다는 뉴스를 심심찮게 접할 수 있다. 이들처럼 거창한 파티는 아니지만 사소한 것들을 주제로 삼아 만나서 대화하고 거기다 음식까지 나눈다면 이웃 간에 서로를 더 잘 이해하게 되지 않을까. 이들의 파티 문화 속에서 서로를 이해하고 소통하고자 하는 여유를 발견해 본다.

'MGP(Melody Grand Prix)'는 해마다 주최되는 행사인데 솔로나 그룹으로 출전해 노래와 춤을 추며 가수의 길로 가는 우리나라 '슈퍼스타 K'의 주니어 버전이라 볼 수 있다. 노래 콘테스트로 콘테스트가 끝이 나면 음반이 발매되고 아이들은 노래를 따라 부르며 그들만의 유행을 좇아간다.

덴마크판 조찬모임

대체적으로 1년에 두 번, 부활절이나 크리스마스 혹은 한 학년이 끝나는 여름 방학식 때에는 아침을 각 교실에서 모두 함께 먹는다. 방법은 담임 교사의 재량으로 정할 수 있는데, 대개 각자 먹을 음식을 준비하거나 필요한 리스트를 교실 문에 붙여 놓으면 가지고 오고 싶은 것을 부모들이 선착순으로 선택해서 준비해 온다. 이날 아침에는 아이들이 준비한 노래를 발표하기도 하고 크리스마스일 경우에는 준비해온 종이나 솔방울, 오렌지 등을 이용하여 같이 크리스마스 장식으로 교실을 꾸미기도 한다.

아침을 함께 먹는다는 것은 나에겐 너무나도 신선하면서도 당황스런 학교 행사 중 하나였다. 우리나라에서 '조찬모임'이라고 하면 주로 바빠서 시간을 내기 힘든 정치인들이나 CEO들이 모여서 진행하는 행사이기 때문이다. 이들의 아침 식사는 간단하게 빵을 먹는 문화이기 때문에 준비할 음식이 많지 않아서 행사의 주최가 어렵지는 않을 것 같지만 이런 경험을 해 보지 못한 나로서는 아침을 함께 먹겠다는 공지를 처음 접했을 때, 의아할 따름이었다. 유치원에서도 종종 이 같은 행사가 있었는데 처음에는 각자 먹을 것을 알아서 챙겨 오라고 하여 뭘 어떻게 준비해야 할지 몰라 이것 저것 다 싸 가지고 갔던 기억이 난다. 간단하게 가지고 가도 되고 집에서 아침은 먹고 간단히 커피만 준비해 가도 되는데 말이다. 각자 준비한 아침을 들고 교실로 가면 보통 아이들이 앉는 자리에 부모들이 앉게 된다. 때문에 자연스럽게 그룹별로 부모들이 서로 얘기하며 아침 식사를 즐기게 된다. 식사 시간에는 조용해야 하는 우리의 식탁 문화와 다르게 이들은 식사를 하면서 많은 이야기를 나누기 때문에 이 아침 시간은 장난치는 아이들까지 시끌벅적하다. 이처럼 이들은 아침식사를 중요하게 생각한다.

이런 아침시간 외에 점심 뷔페를 준비하는 경우도 있다. 일하는 부모들이기 때문에 이때는 부모들은 참석을 하지 않고 아이들에게 음식을 전해 준다. 원하는 음식을 하나씩 준비해 리스트에 작성해서 가져가는데 많은 아이들이 내가 김밥 - 나는 김밥을 싸지만 모두들 스시로 생각한다 - 을 준비해 주길 원해서 주로 김밥을 준비하는 편이다. 점심 때 아이들과 선생님들이 각자 집에서 가져온 음식들을 뷔페식으로 가져 가서 나눠 먹고 담아온 음식통은 깨끗하게 설거지 해 둔다. 그래서 부모들이 통을 가져갈 때 편하다.

마켓 데이Market Dag

'마켓 데이Market Dag'란 말 그대로 반에서 마켓을 여는 날이다. 일종의 벼룩시장이라고 할 수 있는데 물건을 사고 파는 것이 아니고,

아이들끼리의 서비스를 사고 파는 것이다. 머리를 예쁘게 땋아 주거나 네일 아트, 풍선 터뜨리기, 깡통이나 페트병을 쌓아서 치는 볼링, 촉감놀이 등 다양한 게임이나 서비스를 즐길 수 있도록 한다. 마켓의 테마는 각 반에서 정하여 아이들이 함께 꾸미고 학부모들의 도움을 받아 반별로 운영된다. 마켓에서는 사용하지 않는 장난감을 가지고 와서 상품으로 주거나 게임에 이용하기도 한다.

학교 수업 후 대략 2시부터 4시 30분까지 열리며 마켓을 이용할 수 있는 티켓을 사서 누구나 즐길 수 있다. 그리고 그 티켓에는 마켓을 즐긴 후 체크할 수 있는 칸이 있어서 5번 이상 체험한 후 티켓을 보여주면 컵케익이나 초코볼 같은 것을 받을 수 있다. 학교 아이들뿐만 아니라 가족 친구들도 초대해서 함께 즐기기 때문에 아이들은 더욱 즐겁다.

토요 학교 뢰어다스스콜레Lørdagsskole

보통 토요일은 학교에 가지 않지만 1년에 한 번 토요일에 부모님과 함께 학교를 가는 날이 있다. 이날은 다른 가족들을 초대해서 갈 수도 있다. 아이들은 해마다 다른 주제를 가지고 토요 학교를 준비하는데, 우리 아이의 경우 첫 해에는 그 동안 학교에서 만든 그림이나 작품을 전시하고 각 반마다 레고, 그림, 만들기 등 다른 테마로 꾸며서 체험할 수 있는 식이었다. 첫 경험이라 기대를 해서 그런지는 모르겠지만 막상 직접 가서 보니 특별할 것은 없었다. 그냥 아이들의 학교 생활을 관찰하고 함께 만든 작품을 격려해 주고 아이들이 부모와 함께하는 것에 더 의의를 두는 정도였다. 참 덴마크스럽다는 생각이 절로 났으니까 말이다.

어느 해에는 주제를 정하고 그룹을 만들어 기자나 아나운서처럼 학생들을 인터뷰하기도 하고 현장 관찰을 통해 보도를 했다. 우리 아이도 이 프로젝트를 열심히 준비한 듯했다. 질문할 내용을 체크하고 집에서도 연습을 했으니 말이다. 그런데 오디오 실수로 목소리가 전혀 녹음되지 않아서 정작 발표날에는 편집의 아픔을 겪었다. 아이가 이 일로 실망을 하게 되면 어쩌지 했는데 다행히 대수롭지 않게 넘겨서 다행스러웠던 기억이 있다. 나는 발표 전날 미리 학교 방송국 채널에서 비록 무음이었지만 나름 열심히 만들었던 영상을 보았기에 아쉬움은 덜했다.

2017년에는 9학년을 제외하고 0~8학년 학생 전체가 그룹을 나누어 각 대륙의 문화에 대해서 준비를 하고 있다. 간단하게 음식도 만들고 민속춤도 배우며 아이들은 서로 다른 문화를 경험하게 되는 것이다. 다가올 토요일 행사를 생각하며 신이 난 아이들은 밝은 표정이었다.

토요학교 프로그램을 진행하고 있는 아이들

포트폴리오 데이Portfolio Dag

오후 방과 후 시간에 다시 모여 각자 만든 포트폴리오를 부모님
께 선보이는 '포트폴리오 데이Portfolio Dag'라는 것이 있다. 주제는 본
인들이 정하고, 각자 이야기를 만들어 그림을 그리거나 사진을 붙

여 포트폴리오를 완성하는데, 컴퓨터로 작성할 수도 있지만 시간 안에 컴퓨터 작업을 끝내지 못한 아이들은 종이에 직접 작성하여 만들기도 한다.

학부모 게시판에 포트폴리오 데이가 있으니 수업 후 아이를 데려갔다가 몇 시까지 다시 학교로 데려오라는 공지를 받았다. 그에 대해 전혀 몰랐던 나는 공지를 보고 아이에게 무엇인지 물었지만 비밀이라며 가서 보면 알게 된다는 말만 돌아올 뿐이었다. 나는 궁금증과 기대감을 가지고 정해진 시간에 아이와 함께 학교로 다시 갔다. 가서 보니 책상은 하나하나 다 떨어져 있었고 어떤 책상은 교실 안에, 어떤 책상은 복도에, 어떤 책상은 밖에 있는 것이 아닌가. '왜 이렇게까지 다 떨어뜨려 놓았지?'라고 생각하며 우리 아이의 책상을 찾아 보니 교실 밖 운동장 근처에 있었다. 책상에 가서 보니 왜 하나하나 떼어 놓았는지 알 수가 있었다.

그동안 아이들이 스스로 준비한 포트폴리오를 부모님 앞에서 발표하려는 것이었다. 옆 테이블에 서로 방해가 되지 않게 하기 위해서 책상을 멀리 멀리 떼어 놓았던 것이었다. 우리 아이가 준비한 내용은 강아지가 주인공인 이야기였다. 그래서 그 내용과 잘 어울리는 강아지 사진들이 있었다. 아이는 나에게 스토리를 설명해 주고 어떻게 만들었는지, 왜 만들었는지 그 과정에 대해서도 말해 주었다. 이야기를 듣다 보니 정말 말도 안 되는 내용이었다. 하지만 혼자서 이것을 준비하고 만들었다는 것이 놀라울 따름이었고 이것이 덴마크의 창조적인 교육의 시작이 아닐까 하는 생각이 들었다.

교내 축구 대회

축구를 좋아하는 유럽인들답게 1년에 한 번 학교 내에서 축구 경기가 열린다. 우리 아이의 학교는 학교 이름을 따서 'SIP cup'을 매년 열고 있다. 2학년부터 참가할 수 있고 축구 경기의 인원 11명은 반에서 지원자를 받아서 채워진다. 아이들은 모든 경기에 최선을 다하지만 특히 4강부터는 우승을 위해 정말 치열한 경기를 하기 때문에 학교 전체 학생은 물론 선생님 외 다른 직원들까지 나와서 경기를 지켜볼 정도이다. 말 그대로 학교 전체가 SIP cup을 즐기는 것이다.

2학년이 된 우리 아이의 반도 축구경기에 참가할 수 있는 기회를 얻었다. 첫 경기에 아이의 반에서 골키퍼는 흰색 티셔츠, 각 선수들은 오렌지 티셔츠를 입고 출전했지만 아쉽게도 1:3으로 예선 탈락을 했다. 딸아이가 선수로 자원을 할 거라고는 상상도 못했었는데 오렌지 티셔츠를 가지고 오라고 해서 급하게 준비를 했다. 우리 아이는 처음으로 참가해 봐서 잘하지는 못했지만 너무 재미있었다고 한다. 경기 중에 큰 오빠의 공을 빼앗아 왔던 것이 스스로 자랑스러웠는지 집에 오면서 계속 재잘거렸다. 그런 딸에게 "경기에 져서 아쉽지 않아?"라고 물었더니 딸은 이렇게 말했다.

"다시 경기에 출전할 수 없어서 아쉽지만 즐거웠어. 그리고 큰 언니 오빠들이랑 같이 경기해서 이기는 것도 쉽지 않았어. 그래도 우리가 한 골 넣었어. 엄마, 멋있지? 그리고 친구들이랑 다른 반 친구들도 우리를 응원했어."

경기에 함께 했다는 것이 마냥 즐겁다는 말을 들으니 이기고 지는 것이 뭐가 중요한가 하는 생각이 들었다. '그래, 친구들과 함께 해서 그 순간이 즐겁고 행복하면 그게 다지.'

학교에서 축구를 즐기는 아이들

입학식 필스테 스콜레 데이Første skole Dag

어느 부모든 자녀들의 첫 학교 입학식은 긴장되고 기대가 될 것이다. 우리 부부는 더군다나 덴마크에서 학창 시절을 보내지 않았기에 긴장감과 궁금증이 더할 수 밖에 없었다. 우리 아이의 학교는 입학 전에 부모와 아이들이 학교를 방문해서 반 배정을 미리 받은 뒤 부모들은 따로 강당에 모여 오리엔테이션 시간을 가졌다. 학교에 관해서 이것저것 궁금한 것이 많은 부모들이 선생님과 학교 관계자들에게 질문하고 설명을 듣는 시간을 갖는 것이었다. 특히 딸이 입학을 할 당시에는 교사들의 파업 후 변화된 교육과정이 첫 실시되었던 시기였기 때문에 부모들의 궁금함이 말도 못했다. 그리고 아이들은 9년 동안 함께할 새로운 친구들과 새로운 선생님을 만나서 각 교실로 갔다. 줄을 맞춰 교실로 향해 걸어가는 아이들의 모습을 보면서 얼마나 설레고 어색할까라는 생각이 들면서 문득 나의 입학식 장면이 떠오르기도 했다.

그렇게 아이들은 부모님이 오리엔테이션 시간을 가질 동안 간단히 수업을 하고 입학식 날 가져올 준비물을 공지 받는다. 오리엔테이션이 끝나면 부모들은 아이들이 있는 교실로 가게 되는데 학부형이 되어서 그런 건지 아니면 나 또한 처음 접하는 분위기라서 그런 건지 그 발걸음이 무척이나 낯설고 어색했다. 그리고 아이가 벌써 자라서 초등학생이 되었다는 것이 참으로 묘하게 다가왔다. 그렇게 설레는 마음으로 교실로 들어가서는 재미있는 것을 발견했다. 그것은 기존 0학년 학생들이 신입생들을 위해 우유통에 씨를 뿌려서 미리 만들어 놓은 화분이었다. 각 학생들의 이름을 적은 팻말까지 만들어 책상 위에 놓아뒀다. 그걸 보면서 우리 아이도 1년이 지나면 앞으로 이 교실에 들어올 누군가를 위해 저렇게 또 해주겠지 하는 생각에 절로 미소가 지어졌다. 아이들은 이날 자신의 이름을 보고 자리에 앉을 것이고 또 다른 아이들을 만나 서로 인사를 나누고 간단한 수업을 들을 것이었다. 그런 생각들을 하니 괜히 뿌듯해졌다.

이날 아이들은 각자 책상에 있는 자신들의 작은 화분과 휴가노트를 받아 들고 여름 방학 후 다시 만날 것을 기약했다. 받아온 화분은 방학 동안 잘 키워서 첫 등교 날 들고올 것이었고, 휴가노트는 여름 휴가 때 여행을 갔던 이야기나 방학 동안 재미있었던 일들을 글로 쓰거나 사진을 붙이고 그림을 그려서 채울 용도였다.

긴 방학이 지나고 32주, 8월에 학기가 시작되면 보통 하루 뒤에 첫 등교 날이 정해진다. 방학 전 받았던 화분과 휴가노트를 챙겨 책가방을 메고 설레는 마음으로 학교에 갔다. 드디어 시작이다. 교장 선생님과 각 반 선생님들이 들어오고 교장 선생님의 축하 메시지가 시작됐다. 그 다음 2, 3학년 선배들이 나와서 신입생을 위해 환영의 노래를 부르며 아이들의 입학을 축하해 준다. 그 후에 교장 선생님은 각 반별로 아이들의 이름을 호명하고 흩어져 있던 아이들은 앞으로 나간다. 그러면 미리 나와 있는 각 반 선생님들은 덴마크 국기를 나눠주며 아이들을 환영하고 부모들은 뒤에서 박수를 치며 축하해 준다. 나는 그때 국기를 나눠주는 모습이 참 인상적으로 다가왔는데, 시간이 흐르고 나서 국기를 국경일에만 주로 사용하는 우리들에 비해 이들은 다양하게 국기를 활용한다는 것을 알게 되었다. 반 아이들이 다 모이게 되면 부모들과 함께 각 교실로 가서 자기 이름이 적힌 푯말이 놓인 곳에 앉아 친구들과 어색한 인사를 나눈다.

책상에는 앞으로 공부할 교과서와 노트, 모자 그리고 특이하게 사과가 정갈하게 놓여 있다. 아이들은 거기에 방학 동안 열심히 키운 화분도 함께 둔다. 우리는 방학 시기에 이사를 하는 관계로 화분에 신경을 많이 쓰지 못했었다. 사실 그 씨앗이 뭔지도 모른 채 생각날 때만 가끔 물을 주며 키웠기 때문에 딸의 화분은 많이 자라지 못했다. 그 탓에 화분은 분갈이도 필요 없을 만큼 작고 힘이 없었다. 그런데 주위의 다른 친구들 화분을 보니 딸에게 미안한 생각이 들 정도로 엄청 잘 자라서 크게 꽃을 피운 것도 있었다. 나는 그 때 그 꽃을 보고서야 씨앗의 정체를 알았다. 다름 아닌 해바라기였다. 지금 생각해도 잘 키우지 못해서 딸에게 미안하기만 하다.

어색하고 새로운 환경으로 들어간 우리 아이들. 그래서 때로는 부모들에게 더 매달리기도 하지만 그 동안 그렇게 해 왔듯이 아이들은 조금씩 또 적응하는 훈련을 해 나가며 자라간다.

입학식 때 받은 노트, 모자, 덴마크 국기, 사과, 화분
입학 전에 받은 화분은 관리를 잘못한 탓에 볼품없이 초라하다.

졸업식 카멜 데이Karamel Dag

21주, 5월 마지막 주 금요일에 9학년은 시험을 끝내며 '시스테 데이Sidste Dag(마지막 날)'를 맞이하게 되는데 이날이 우리의 졸업식 개념이다. 다른 말로 이날을 '카멜 데이Karamel Dag'라고 부르기도 한다. 이날 아이들은 물풍선을 던지고 물총을 쏘기도 하며 캐러멜 같은 달콤한 것들을 던지기 때문에 이런 이름이 붙었다. 아이들은 10대의 짓궂음을 표현하듯 생크림을 뿌리기도 한다. 우리 나라에서 졸업식 때 밀가루를 던지고 생크림을 바르듯이 말이다. 이날은 9학년 아이들뿐 아니라 학교 전체 아이들이 나와서 물풍선이나 캐러멜을 던지며 재미있게 보낸다. 그리고 수업도 다른 때보다 일찍 끝난다.

처음에 그 사실을 몰랐던 나는 이 일로 아찔했던 순간이 있었다. 딸아이의 생일파티가 우연히 이날과 겹치면서 일이 터진 것이다. 학교가 빨리 끝난다는 사실을 전혀 몰랐었던 나는 평소처럼 끝나는 시간에 맞춰 반 아이들을 데리고 와서 파티를 시작할 것으로 생각하고 계획을 했기 때문에 집에서 파티 준비로 정신이 없었다. 그러다 학교 선생님으로부터 전화를 한 통 받았다. 학교가 이미 끝났고 아이들이 지금 나를 기다리고 있다는 소식이었다. 순간 나는 '헉'이라는 소리가 절로 나올 만큼 아찔했었다. 바로 정신 없이 학교로 가서 아이들을 데리고 왔던 그날이 바로 졸업식이었다. 한국에서는 '졸업식' 하면 '꽃'이 떠오른다. 너도나도 할 것 없이 졸업식을 축하하기 위해 꽃다발을 준비해 졸업하는 아이들에게 전해주며 이날을 기념하는데 여기에선 그런 분위기는 없다. 그리고 부모님들도 학교에 오지 않는다. 그리고 한국은 졸업을 앞둔 학년이 사진을 찍는 것이 보편적인 반면, 덴마크는 새로운 학기가 시작되고 10월, 11월이 되면 전 학년이 반별로 혹은 개인별로 사진을 찍는다. 이렇게 매년 사진을 찍기 때문에 아이들의 자라나는 모습을 한눈에 볼 수 있어서 나는 이 사진을 좋아한다. 학교 전체의 사진이 매해 책처럼 만들어져 나오기 때문에 한국처럼 특별히 졸업 앨범이라는 개념도 없다. 한국과는 또 다른 졸업식 풍경이다.

진로탐색 끝판왕, 덴마크의 자율학교

호이스콜레Højskole

'호이스콜레Højskole'는 그룬트비의 사상을 바탕으로 만들어진 자율학기 개념의 학교이다. 그룬트비Nikolai Frederikseverin Grundtvig (1783~1872)는 신학자, 시인, 역사가, 정치가이며 현대 덴마크의 사상을 정립한 사상가로, 덴마크의 교육과 사회를 공부하다 보면 빠지지 않고 등장하는 매우 중요한 인물이다. 그는 누구나 자신의 나라에서 토지를 소유할 권리를 가지고 있다고 주장하며 국민생활을 개선했다. 덴마크 사람들에게 "하나님을 사랑하라. 이웃을 사랑하라. 땅을 사랑하라"는 구호를 외치며 '폴크 호이스콜레Folk højskole'를 만들어 시민교육과 계몽에 힘쓴 사람이다. 지금까지도 덴마크 사람들이 가장 존경하는 인사로 코펜하겐에 그를 기리는 그룬트비 기념교회가 있다.

이 교회는 파이프 오르간 모양을 본뜬 독특한 스타일의 건물로 '오르간 교회'라고 부르기도 한다. 시민들이 기부한 600만 장의 노란 벽돌을 쌓아 만든 것이 특징이다.

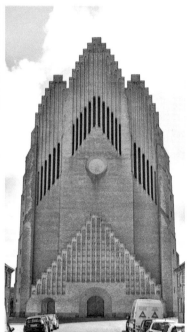

그룬트비 기념교회의 내부(좌)와 외관(우)

　그룬트비에 대한 소개는 여기까지로 하고, 다시 호이스콜레에 대해 이야기하겠다. 남편도 일 때문에 자연스레 호이스콜레에 방문도 하고 이에 대해 알아볼 수 있는 기회가 있었다. 요즘에는 한국에서도 자유학기제를 실시한다는 얘기를 들은 적이 있다. 한국의 자유학기제는 중등학교 학기 자체에 포함되어 운영되고 있지만, 덴마크의 호이스콜레는 학년 제한이 있는 것은 아니다. 학년으로 치자면 10학년의 개념으로 볼 수 있겠지만 다양한 연령대의 사람들이 이곳에 지원할 수 있다.

학교마다 다양한 테마로 운영된다. 예를 들어 '헬싱외어Helsingør'에 있는 인터내셔널 호이스콜레는 '저널리즘'이 테마다. 어떤 학교는 '기술', 또 다른 학교는 '체육'이 테마이며, 가족이 함께할 수 있는 곳도 있다. 교육을 원한다면 혹은 새로운 무언가를 배우거나 자신을 계발하기를 원한다면 누구에게나 교육의 기회를 제공한다는 것이 이 호이스콜레의 제일 큰 특징이라고 할 수 있다.

학교는 기숙학교의 형태로 이루어져 있고, 수업료와 기숙사비, 식비를 모두 포함하여 월 5,000크로네(한화로 100만 원)정도이다. 덴마크 부모들은 '이곳에 보이를 보내면 젠틀맨이 되어서 나온다'고 할 만큼 아이들은 이곳에서 많이 성숙해진다.

에프터스콜레Efterskole

'에프터스콜레Efterskole'는 호이스콜레와 같은 자율학교 개념이다. 하지만 9~10학년으로 나이 제한이 있다는 것과 기숙학교 형태로 통일되지 않았다는 것이 차이점이다. 주로 학생들이 초·중등 학교 9학년을 마치고 김나지움으로 곧바로 진학을 하기보다 앞으로의 진로를 위해 고민을 하며 자신의 미래를 진지하게 생각할 수 있도록 돕기 위해 1년 동안 여러 가지 교육을 제공한다. 아이가 잘할 수 있는 것, 자기의 특성을 발견하고 계발해서 진로를 잘 찾아갈 수 있도록 도와주는 역할을 하는 것이다.

덴마크 아이들은 한국 아이들보다 진로 선택이 빠른 편이다. 고등학교 진학 전에 진로에 대한 고민을 충분히 할 수 있기 때문이다. 한국에서는 예체능을 전공하는 아이들은 논외로 하고, 대부분의 한국 아이들이 진로에 대한 큰 고민 없이 일반 고등학교로 진학하고 고등학교에서 진로를 고민한다. 이때도 아이들에게 진로에 대한 탐색과 고민의 시간은 주어지지 않는다. 학교 공부와 학원 공부를 병행하면서 진로는 내가 알아서 찾아야 하는 것이다. 아이들에게 그만큼의 고민할 시간이 주어지지 않으니 부모가 나서는 것이 어쩌면 당연할 수도 있다. 공부는 부모가 대신해 줄 수는 없으니 다양한 직업에 대해 공부하고 진로를 찾는 것을 부모가 하게 된다. 그리고 부모가 보기에 괜찮아 보이는 진로들을 아이에게 '추천'이라는 이름으로 강요하게 되는 것이다. 일상이 바쁜 맞벌이 부모는 이마저도 하지 못하고, 그저 아이가 잘해내길 바라며 학원에 보낼 뿐이다. 이런 현실에서 아이들은 심지어 고3이 되어서 시험 성적에 맞추어 별 생각 없이 전공을 선택하기도 한다.

1년이라는 충분한 진로탐색과 고민의 시간이 주어지는 덴마크 아이들에 비하면 한국 아이들의 현실은 버겁기만 하다. 짧다면 짧고 길다면 긴 '1년'이라는 시간을 아이들을 믿고 맡겨 주는 그들의 여유와 시간 씀씀이가 부럽기만 하다.

입시가 아닌 학생 중심의
덴마크 고등학교 김나지움Gymnasium

고등학교 시스템

고등학교는 한국과 비슷하게 일반고등학교, 과학고등학교, 경영경제고등학교, 예술고등학교, 기술고등학교로 세분화되어 있다. 전문고등학교 교육과정이 대체적으로 잘 되어 있는 편인데다 직업에 대한 차별이 없고 자신들이 하는 일에 대해 프라이드가 있기 때문에 학생들은 본인이 무엇을 잘할까를 고민하고 선택하여 진로를 결정한다. 일반고등학교 같은 경우에는 대학의 선택 폭이 좀 더 넓다 할 수 있고 과학고등학교나 예술·경제고등학교는 좀 더 일찍 전문적인 교육이 이루어지지만 대학 역시 같은 전공으로 진학하기 때문에 선택의 폭은 좁다. 그래서 진로를 미리 정한 학생들에게는 전문고등학교가 유리하다고 본다. 어떤 고등학교를 가도 그 전공과 무관한 대학으로 진학하는 경우가 많은 한국과는 분명히 대조되는 부분이다.

사실 우리 아이는 아직 초등학생이기 때문에 덴마크의 고등학교 생활에 대해서는 구체적으로 알지 못했다. 그래서 내가 예전에 피아노를 가르쳤던, 지금은 고등학생이 된 한 아이 시실리아와 만났다.

나는 먼저 학교에 있는 시간이 궁금했다. 한국의 고등학생들은 일찍 시작해 늦게까지 학교에 머물며 그것도 모자라서 학원과 과외로 공부에 시달리고 있으니 말이다.

덴마크의 고등학교는 스콜레와 동일하게 8시에 수업이 시작되고 3시 40분에 끝나는데, 2시에 끝나는 날도 있다고 한다. 그리고 보통 1학년 때의 담임선생님이 3학년까지 함께 간다.

교재는 특별히 없고 대부분은 컴퓨터(노트북)를 이용해 수업하고 과제물 역시 컴퓨터를 이용하기 때문에 학교 가방 속엔 컴퓨터만 들어 있다면서 그 가방을 보여줬다. 학교마다 조금씩 차이가 있지만 요즘 들어 거의 컴퓨터 위주로 바뀌어 가고 있다고 한다. 그래서인지 길을 가다 고등학생들처럼 보이는 여학생들을 보면 우리의 고교시절과는 다르게 대학생들처럼 예쁜 가방을 메고 다니는 것을 종종 볼 수 있다. 책 대신에 컴퓨터를 들고 다닌다고 하니 그럴 만하다는 생각이 들었다.

이야기를 듣다 보니 컴퓨터가 없으면 학교 생활을 할 수가 없는 시스템이었다. 그래서 형편이 어려운 아이들은 어떻게 하냐고 물었다. 시실리아는 웃으며 아무 문제 없다고 이야기했다. 입학하기 전에 학교에서 컴퓨터를 시중보다 싸게 파는데, 그 컴퓨터에는 학교에서 이용할 프로그램들이 다 깔려 있어서 대부분의 아이들은 입학 전 학교에서 지급하는 컴퓨터를 산다고 한다. 그럼에도 불구하고, 싸게 팔아도 살 수 없는 아이들은 학교에서 컴퓨터를 빌려 주기 때문에 수업과 과제를 진행하는 것에 아무런 지장이 없다고 한다. 몇 해 전 '파룸Farum'이라는 도시의 시장이 학생들에게 컴퓨터를 나눠주는 것을 처음으로 시도했다고 지인으로부터 들은 적이 있다. 이러한 선례가 있었기에 나라에서 컴퓨터의 공급은 어렵지 않았으리라 생각된다.

그리고 시실리아가 다니는 학교는 글로벌 교환 프로그램 같은 것이 도입이 되어서 9~10일 정도 다른 나라에 가서 수업을 들으며 그곳의 아이들과 생활을 같이 해야 한다고 했다. 시실리아는 이번에 중국을 가게 되는데 많이 기대하고 있다고 한다. 어떻게 나라가 선택되는지는 미처 물어보지 못해서 잘 모르겠지만 이탈리아나 스페인 같은 곳도 있다고 한다. 유럽의 나라 안에서는 보통 그 나라의 언어로 수업을 한다고 하기에 중국에 가게 될 시실리아에게 "그럼 중국어로?"라고 했더니 웃었다. 다행히 수업은 영어로 이루어진다면서 말이다. 다만 다른 곳보다 거리가 멀다 보니 경비지출은 더 많다고 한다. 하지만 입학 전부터 공지된 내용이고 준비가 되었기 때문에 다행히 부담은 없다고 한다.

상담에 관련된 부분도 궁금했다. 일 년에 두 번씩 상담을 하는 것이 나에게는 나름 부담인지라 고등학교 때까지 해야 하나 싶었기 때문이다. 다행히 상담은 초·중등 학교 때보다는 자주 있지 않다고 한다. 학교 공지사항을 확인하면 되고, 시스템 설명회나 간담회 같은 부모모임이 가끔씩 있을 뿐이란다. 아무래도 아이들도 많이 자랐고 한 담임이 3년을 맡기 때문에 별도의 부모 상담이 없어도 아이들을 잘 파악할 수 있기 때문이 아닐까 하는 생각이 들었다.

방과 후 생활

한국처럼 아이들이 학교에 늦게까지 있지 않기 때문에 방과 후의 시간이 궁금했다. 그래서 물어봤더니 개인마다 다르겠지만 한국처럼 학원에 가거나 과외를 받지는 않는다고 한다. 주로 학교 숙제를 하거나 프로젝트 과제를 한다고 한다. 혹은 자신들이 하고 싶은 취미 활동을 즐긴다. 어릴 때부터 부모의 강요에 의해서 선택하거나 배우는 것이 아니라 본인이 관심이 있고 즐거서 선택하기 때문에 아이들이 배우면서도 즐길 줄 아는 것이다. 그리고 새로운 경험을 위해 대부분의 학생들이 아르바이트를 한다. 사회 경험을 하면서 용돈도 벌 수 있기 때문에 대부분의 학생들은 아르바이트를 즐겁게 생각한다.

가까운 스웨덴의 경우에는 아이들이 학교에서 졸업여행 혹은 수학여행을 갈 때 필요한 비용을 스스로 마련한다고 한다. 모든 학교가 다 그렇게 하는 것은 아니지만 아이들은 다양한 방법으로 여행경비를 마련한다. 자신들의 물건을 팔거나 각자 음식을 준비해서 서로의 부모들을 초대해 음식값을 받는 식으로 돈을 버는 것이다. 생각해 보면 사실 부모들에게 직접 여행경비를 안 받았을 뿐이지 음식이나 물건을 사는 사람들은 학교 학생들과 부모들이다. 결국 아이들이 모은 경비는 부모들의 돈이나 마찬가지라는 이야기다. 하지만 아이들은 이 일을 통해서 사회에 진출했을 때 필요한 부분과 노동의 소중함 및 중요성을 배운다. 그런 맥락에서 덴마크의 학생들도 아르바이트를 한다. 학생들이 일을 하는 장소는 다양하다. 슈퍼에서 계산을 하거나 커피숍이나 빵집 등에서 일을 한다. 방과 후 본인들이 스케줄을 짜서 일을 하며, 당연히 세금도 낸다. 하지만 학년이 올라갈수록 숙제나 프로젝트의 양이 많아져서 많이는 못하고 일주일에 한두 번 정도 한다고 한다. 대략 5~10시간 정도라고 하는데 다 개인차가 있다. 여느 십대들처럼 친구들과의 시간도 보낸다. 하지만 공부할 양이 많아진 요즘은 이것도 힘들다고 한다.

학생들은 입학 전에 그리고 학교 생활을 통해서 자신이 하고 싶은 것이나 배우고 싶은 것, 앞으로의 대학 진학이나 전공분야 같은 것을 충분히 생각하고 고려한다. 그리고 거기에 초점을 두어 과목을 선택하고 학점을 받는다(물론 필수 과목은 있다). 그런데 과목마다 배우는 시간, 즉 취득학점이 다르다. 조금 높은 단계의 수학은 3년, 생물과 음악, 미술은 1년이 걸린다고 한다. 단, 체육은 낮은 단계라도 무조건 3년을 해야 한다고 한다. 나라에서 학생들의 체력 향상에 많은 신경을 쓴다는 걸 알 수 있다. 시실리아로부터 이 학점 시스템에 대해 들었는데 영 낯설었다. 내가 이해를 잘 못하는 것 같자 시실리아 자신의 이야기를 해 줬다. 자기는 생물을 낮은 단계를 선택했기 때문에 1년 공부했고 그래서 의대에 지원할 수 없다고 말이다. 그래도 만약 의대를 가기를 원한다면 방법이 없는 것은 아니라고 한다. 다 채우지 못한 생물 수업을 듣고 그에 맞는 점수를 받으면 입학이 가능하다. 하지만 쉽지는 않다고 한다. 이처럼 고등학교 때 이미 한국의 대학 수업과 같이 본인 스스로 수업을 설계하기 때문에 그에 대한 책임을 지는 데 익숙해질 수 있다. 물론 부족한 부분에 대해서는 또 다른 기회를 열어준다.

그리고 학교에 '멘토 시스템'을 도입했다. 원하는 학생은 후배들의 선택을 받고 각각 멘토가 되어 그들이 원할 때 공부나 과제, 프로젝트 같은 것들을 도와준다. 시실리아도 이번에 멘토가 되어서 그 활동을 하고 있는데 그래서 더 바쁘다고 한다. 초·중등학교 때 고학년이 저학년 반을 방문해 아이들을 도우며 과제물을 했던 것처럼 비슷한 시스템들이 고등학교에서 활용되어 아이들로부터 시너지 효과를 끌어내는 것이다.

개인마다 다르겠지만 시실리아의 경우 학교에 대한 만족도는 상당히 높았다. 공부할 양도 많고 해야 할 과제도 많지만 학교생활이 재미있다고 한다. 보통 강요에 의해 공부가 이루어지는 분위기가 아니기 때문에 스스로 공부의 필요성을 느끼면 주어진 과제와 프로젝트를 더 열심히 준비하는 듯했다. 개인적으로 하는 작은 과제물은 선생님의 수업방식에 따라 자주 나오는 경우도 있고 아닌 경우도 있지만, 프로젝트의 경우에는 선생님이 선택하는 것이 아니라 학교 커리큘럼 속에 포함된 부분이라 꼭 해야만 하는 과제이며 중요하다고 한다. 프로젝트는 대부분 그룹별로 이루어지는데 각 팀은 선생님이 정해 주거나 아이들이 자유롭게 선택을 해서 팀을 이룬다고 한다. 이때 자유롭게 팀을 이루게 되면 프로젝트의 진행도 훨씬 수월하다고 한다. 아무래도 서로 자신들이 해야 할 일들을 책임감 있게 잘 나눌 수 있어서 그런 것이라 생각된다.

프로젝트 이야기를 들으며 흥미로운 부분이 있었다. 현재 시실리아가 진행하고 있는 프로젝트가 역사 분야라고 했다. 그 중에서도 독일의 역사에 대해 준비를 하고 있는데 참고해야 할 텍스트가 독일어로 되어 있다는 것이었다. 그렇다면 만약 프랑스 역사라면 어떻게 되냐고 물어봤다. 마찬가지로 프랑스어로 된 텍스트를 이용해야 한다고 한다. 그래서 준비할 내용이 더 많고 쉽지 않다고 한다. 그래도 발표는 덴마크어로 할 수 있어서 다행이라고 한다. 물론 유럽의 언어가 라틴어에서 발생되어 비슷한 것도 많고 접하기도 쉬워서 우리보다 훨씬 좋은 조건에 있는 것은 사실이지만 언어를 배우고 활용하는 데 있어서 우리의 접근법과는 확연히 다르다는 것을 느꼈다. 그래서 외국어를 더 잘 구사하는 것인지도 모르겠다. 한국의 교육이 시험을 위한, 좋은 점수를 받기 위한 교육이라면 유럽 이곳의 교육은 곧 실생활이었다. 생활에 바로 적용될 수 있는 교육 말이다. 그렇게 준비한 것을 팀별로 발표하고 질문을 받으며 자연스럽게 토론의 문화도 함께 배우고 익힌다.

이렇게 보면 덴마크의 고등학교 교육이 한국의 대학교 교육과 참 비슷하다는 생각이 많이 든다. 우리는 대학에 가서야 접하게 되는 프로젝트 단위의 수업과 그룹활동, 원서로 된 자료들을 연구하면서 발표준비를 하는 모습. 한국의 대학에서 흔히 보는 모습이 아닌가. 분명히 선행학습은 한국의 아이들이 하고 있는데 이곳의 고등학생들은 한국의 대학 수업을 하고 있으니 참 아이러니하다는 생각이 든다.

선생님 또한 아이들의 공부를 강요하지 않는다. 본인의 선택이기에 결과에도 책임이 따를 뿐이다. 정 없이 들릴 수도 있겠지만 선생님은 공부를 안 한 아이들에게는 나쁜 점수를, 열심히 해서 좋은 결과를 낳은 아이들에게는 좋은 점수를 주는 것이 전부이다. 부모들도 아이들이 하고 싶은 일들을 잘할 수 있도록 길잡이를 해주며 뒤에서 믿어 주고 기다려 주는 모습이 인상적이다. 그리고 자녀를 소유한다는 생각보다 잠시 빌렸다는 생각을 한다고 한다. 우리들처럼 자녀들이 잘 되길 바라는 마음에 계획을 짜 주고 부모가 만든 틀 안에 아이를 가두지 않는다. 물론 아이들이 자라나는 환경의 영향을 받지 않을 수는 없다. 하지만 이곳에서는 개인의 선택이 중요하다. 그리고 인격과 경험을 더 중요하게 생각하기 때문에 조금 늦어도, 점수가 나빠도 괜찮은 것이다.

시험

학창 시절을 생각하면 누구나 시험에 대한 공포나 스트레스가 있었을 것이다. 우리와 다른 수업 분위기와 수업 진행에 대해 듣다 보니 시험에 관해서도 상당히 궁금해졌다. 역시 우리와는 많이 다른 시스템이었다.

시험은 과목마다 선생님의 자율로 이루어져서 자주 볼 수도 있고 가끔 볼 수도 있지만 점수에 기여되는 시험이 아니다. 그래서 학생들은 부담이 없다고 한다. 이곳에서 역시 제일 중요한 시험은 대학입학을 좌우하는 3학년 졸업시험이다. 각 학교에서 시험 날짜를 정하는데 보통 5~6월 중에 치른다. 이 시험이 끝나면 졸업식과 같은 퍼포먼스가 있다. 각 학교의 모자(이 모자를 여름 내내 쓰고 다닌다)

를 쓰고 후배들이 준비해 준 트럭을 타고 각 집마다 돌며 간단한 축하파티를 하고 트럭 위에서 광란의 파티를 즐긴다. 그래서 덴마크에서는 평소에 들을 수 없던 시끄러운 경적 소리를 5~6월에는 자주 들을 수 있다. 지나가는 사람들도 그 트럭을 보면 축하하고 함께 경적을 울려 준다.

졸업시험이 끝나고 트럭을 타고 다니며 파티를 즐기는 고등학생들과 이를 축하해 주는 시민들

학교마다 다르지만 시실리아가 다니는 학교의 경우에는 1학년

때 학년시험을 볼지 안 볼지를 제비뽑기로 정한다고 한다. 시실리아는 작년에 안 뽑았다고 해서 그럼 엄청 행운이 아니냐고 했더니 그게 아니란다. 안 뽑아서 못한 것들을 올해 안에 다 해야 하기 때문에 오히려 한꺼번에 공부해야 할 양이 더 많아졌다고 한다.

대학 입시

덴마크는 한국과 달리 고등학교 졸업시험의 결과로 대학을 결정하기 때문에 고등학교 졸업 후 대학교로 곧바로 진학을 해야만 하는 것은 아니다. 하지만 덴마크도 요즘 대학 재정 지원을 줄이는 추세라서 학생들에게 졸업 후 2년 안에 대학을 시작하면 점수에 인센티브를 주기도 한다.

대학교육은 가까운 독일처럼 무상으로 이루어진다. 단, 독일과 차이가 있다면 외국인에게는 등록금을 적지 않게 받는다는 것이다. 하지만 주위의 이야기를 들어보면 입학 전에 쉬는 시간을 가지거나 학교 중간에 휴학을 해서 조금 늦게 학교를 다니는 것이 나라의 지원을 덜 받더라도 쉬지 않고 가는 것보다 더 낫다고 말한다. 이는 쉬는 기간 동안 여행을 하거나 일을 하면서 사회 경험을 쌓고 진로에 대해 더 충분히 생각하고 고민할 수 있기 때문이다. 이곳에서는 이런 아이들이 사회에 진출 시 공부만 한 아이들보다 적응이 더 빠르다고 생각한다. 그리고 한국과 달리 대학 진학 이후 공부의 강도가 고등학교보다 훨씬 더 세지기 때문에 모두들 입을 모아 '쉼'이 필요하다고 이야기한다.

또한 대학에서는 전공과 관련하여 실습의 비중도 높다. 그렇다 보니 학생들이 아르바이트를 하는 경우에도 전공과 관련된 분야에서 일을 하며 경험을 쌓고 돈도 벌게 되고, 이러한 것들이 나아가 직장을 구할 때 유리하게 작용하는 것이다.

아이들에게 충분한 쉬는 시간과 자신의 생각을 정리할 수 있는 기회가 주어진다는 것은 아이를 믿을 때만 가능한 일이다. 그리고 그 시간을 가진 아이들이 결코 뒤처지는 것이 아니라는 사회적인 약속도 필요하다. 요즘 한국에서는 '캥거루족'이나 '헬리콥터맘'이란 말을 쉽게 접할 수 있다. 독립할 나이인 대학생이나 직장인이 되어서도 부모가 모든 것을 좌지우지하며 아이의 인생을 설계하고 간섭하는 일들을 심심찮게 볼 수 있다. 회사에 병가를 내는 것도 엄마가 대신 전화를 하며, 연봉과 직결되는 회사 일을 부모가 물어오는 웃지 못할 일들이 많다는 한 기업 인사담당자의 인터뷰를 본 적이 있다.

물론 덴마크도 요즘 들어서는 예전에 비해 자녀들의 독립 시기가 많이 늦어진 것은 사실이나 보통 만 18세가 되면 부모로부터 독립을 한다. 각자 개인차는 있겠지만 서로 대화가 많기 때문에 부모들은 아이들을 걱정하기보다는 신뢰하며 자유롭게 두는 편이다. 물론 사회의 안전도가 높기 때문에 부모들이 더 안심을 할 수 있는 상황이기도 하다. 이렇게 아이들이 독립을 해서 따로 산다고는 하지만 주로 학교 근처나 부모들의 집에서 그리 멀지 않은 곳에서 산다.

재미있는 예는 독립을 해서 새로 얻은 집이 부모님과 같은 건물인 경우였다. 이런 경우 귀찮은 빨랫감은 엄마에게 맡기기도 한단다. 이런 이야기를 들으면 부모와 자식의 관계는 어쩔 수 없는 것 같기도 하다.

또 다른 예는 자매들이 각자의 삶을 존중해서 그리고 서로의 독립심을 위해 가까운 곳에 살면서 따로따로 사는 경우였다. 그래서 서로에 대한 간섭은 없지만 도움이 필요할 때는 가까이서 도와줄 수 있어서 자매 사이의 관계가 더 좋아졌다는 것이다. 물론 자녀들이 독립을 하는 과정에서 집을 구할 때 경제적으로 큰 부담이 되는 것은 사실이다. 그래서 이곳 역시 부모들이 집을 구하는 과정에서는 도움을 주기도 하지만 대체로 독립하는 순간부터 부모들의 지원은 없다. 살아가는 형태뿐만 아니라 경제적인 부분에서도 독립을 하는 것이다.

PART 2

덴마크 부모들은
왜 화내지 않을까?

휘게Hygge 하라!

정情과 휘게Hygge

우리나라에는 고유문화인 '정情'이 있다면 덴마크에는 '휘게Hygge'가 있다. 이 휘게는 특별히 설명하기가 어렵다. 다만 그 느낌을 표현하자면 따뜻함, 아늑함, 편히 쉬는 것, 편한 이들과 시간을 함께 보내는 것 등 일상 속에서 쉽게 찾을 수 있는 것이라고 할 수 있다.

예를 들어 아이들이 친구들과 재미있게 노는 것도, 어른들이 친구들과 따뜻한 커피를 마시는 것도, 가족들과 함께 한 식탁에 둘러앉아 서로 얘기하며 식사를 하는 것도, 좋은 사람들과 영화를 보거나 수다를 떨거나 여행을 가는 것도, 텐트에 앉아서 빗소리를 듣는 것도, 따뜻한 햇살을 맞으며 책을 읽는 것도 모두 휘게다.

이처럼 특별한 곳에서 이 단어를 찾는 것이 아니라 일상 속에서 편안히 쉬며 따뜻함을 느낄 수 있는 것, 그것이 바로 휘게다. 아마도 여유로운 사회 분위기와 날씨의 영향으로 생겨난 개념이 아닐까 싶다.

그래서 덴마크 사람들은 밝은 형광등보다 아늑한 조명을 좋아한다. 거기에 따뜻한 느낌을 주는 초까지 있으면 더할 나위가 없다. 이런 분위기 때문에 덴마크에는 조명 디자인이 많이 발달했다. 크고 작은 모양과 다양한 색을 가진 초들, 이 초들을 꽂을 수 있는 촛대 또한 발달했다. 어디서나 쉽게 구할 수 있는 초로 사람들은 아늑하고 따뜻한 분위기를 연출한다. 이는 해가 짧은 겨울일수록 더하다.

반면 여름에는 해가 길게 때문에 해가 부족한 이곳 사람들은 햇볕을 쬐기 위해 야외활동을 선호한다. 그래서 정원이나 발코니를 예쁘게 가꾼다. 길을 다니면서 발코니나 정원을 보면 꾸미는 센스가 보통이 아니다. 익숙하지 않은 우리로선 이들의 솜씨를 따라가기 힘들다.

그만큼 이들에겐 집을 선택할 때 발코니의 유무와 그 크기가 상당히 중요한 요소다. 그렇기 때문에 발코니나 정원에 놓을 가구들도 많고, 이를 이용해 집을 가꾸는 것을 아주 중요한 부분으로 생각한다. 주로 꽃과 나무를 심거나 화분이나 꽃병을 이용해 꾸미기 때문에 덩달아 원예 분야도 발달되어 있다. 숲이나 각자의 정원에서 꽃과 식물들을 채집해서 예쁘게 꾸미기도 한다. 밤에는 은은한 조명과 초를 이용해 따뜻한 분위기를 연출해 놓고 이야기를 나누며 시간을 보낸다. 혹은 독서나 선탠을 즐기며 그들만의 휘게를 한다.

덴마크 생활 TIP

우리나라의 '정'이 그렇듯이 '휘게Hygge'는 일부러 연출을 하는 게 아닌 그들의 삶 자체이다. 어릴 때부터 겪어 온 자연스러운 생활이며 그들만의 따뜻하고 아늑한 여유로움이다. 그래서 서두르지 않는다. 앞서간 이는 기다려 주고 뒤에 있는 이는 끌어 주는 것이 그들만의 문화이다.

오늘 휘게한 시간을 보냈니?

얼마 전, 딸아이네 반의 '노는 그룹'이 우리 집에서 모여 재미난 시간을 보냈다. 학교에서 아이들을 데리고 집까지 가는 길이 결코 쉽지 않다. 여기저기 기웃거리고 장난치는 아이들을 데리고 가려면 약 30분 정도 걸리는데 조금 더 안전하게 아이들을 데리고 가기 위해서 조금 돌아가지만 숲길을 택해서 집으로 갔다.

아이들은 집으로 가는 길에 말들에게 인사하고 여기저기 뛰어다니며 풀을 뜯어 먹이로 준다. - 학교 근처에 말을 타고 관리하는 클럽이 있어서 아이들이 자주 말을 접했기 때문에 말에 대한 거부감이나 두려움이 없는 편이다 - 말이 그 풀을 받아 먹으면 좋아서 서로 경쟁하듯 더 뜯어 와서 먹여 주기에 바쁘다. 한쪽에서는 말들에게 그들의 생김새를 보며 이름을 붙이기도 한다. 이러다 보니 가자고 하는 사람이 없으면 아이들은 갈 생각이 없다. 아이들을 재촉해서 겨우 발걸음을 떼면 이제는 산책 나온 개들에게 - 개를 키우는 사람들은 날씨와 상관없이 하루에 3번 산책을 하는 것이 의무화되어 있기 때문에 산책길이나 거리에서 산책하는 개들을 자주 접한다 - 관심이 쏠린다. 아이들은 반갑게 개들에게 인사하며 개 주인과도 스스럼 없이 이야기를 나눈다. 때로 아이들은 잘 걸어 가다

160 　 덴 마 크 식 　 행 복 육 아

가도 멀쩡한 길을 두고 갈대 숲을 헤쳐 가며 걸어가서 나를 놀라게 하기도 한다. 그러다 나무가 보이면 자연스럽게 하나 둘씩 나무 위에 올라가 그곳에서 놀기도 한다. 그러면 나는 행여나 아이들이 나무 위에서 떨어질까 노심초사 그 곁을 못 벗어나고 서성인다. 그러면 아이들은 나를 놀리듯 그저 해맑게 웃는다. 이렇게 가야 하니 30분은 고사하고 족히 한 시간은 걸린 것 같다.

'노는 그룹' 아이들

꾸러기 아이들을 데리고 가며 나 홀로 고군분투했지만 기특하게도 아이들은 자유로운 행동을 하면서도 그 안에 나름의 규칙을 가지고 있었다. 누군가가 빨리 가면 같이 가는 것을 강조하며 뒤에 오는 친구들을 기다리고, 뒤에 있는 아이들은 앞서 있는 아이들을 향해 뛰어가며 되도록이면 서로 속도를 맞추려고 노력하는 모습이다. 집에 도착하여 서로 놀 때도 마찬가지이다. 남녀 아이들이 누

집에 가는 길에 나무 위에서 말을 보고 그냥 지나치지 못하는 우리 아이

구 하나 소외되는 이가 없도록 서로 맞춰 가며 너무나도 잘 놀아
서 그 모습이 한없이 기특하기만 했다.

예를 들자면 놀이를 하기 위해 여자아이들이 예쁜 드레스를 갈
아 입고 있었다. 한창 엄마의 화장품에 관심이 쏠려 있는 나이이기
때문에 화장도 하면서 말이다. 꽤 긴 시간 동안 여자아이들이 그
러고 있었는데 남자아이들은 그 시간이 지겨웠을 텐데도 '여자들
은 꾸미는 데 시간이 너무 많이 걸린다'며 애써 기다려 준다. 그러
다 나중엔 여자아이들이 남자아이들처럼 꾸미고 남자아이들이 드
레스를 입고 나와 아이들을 데리러 온 부모들에게 웃음을 주기도
했다.

부모들은 그런 모습들을 보면서 아이들에게 묻는다.

"오늘 휘게한 시간을 보냈니?" 하고 말이다. 그리고 다음 번 자신

의 순서를 기약하며 헤어진다.

휘게 디자인

이처럼 휘게를 중요하게 생각하고 휘게한 분위기를 좋아하다 보니 자연스럽게 디자인 상품이 발전되었다. 살펴보면 다음과 같다.

1) 루이스 폴센Louis Poulsen

1874년 사업가 루드비히 폴센Ludwig Poulsen이 와인 유통 회사를 설립했다. 그런데 당시 덴마크에 전기발전소가 하나 둘 생기면서 조명에 대한 수요가 급증하게 되자, 와인 회사를 정리하고 전기용품 판매점으로 사업을 전환했다고 전해진다. 그리고 얼마 후 조카인 루이스 폴센Louis Poulsen이 영입되고 1906년에 루이스 폴센이 사업을 이어 받으며 1924년 건축가 폴 헤닝엔Poul Henningen과 함께 본격적으로 조명제품을 개발하기 시작했다. 1926년, 폴 헤닝엔의 이름을 따서 만든 대표작 'PH조명'을 디자인하며 생각한 3가지('눈부시지 않은 조명', '불빛을 원하는 곳에 집중시킬 수 있는 조명', '아름다운 분위기를 연출할 수 있는 조명')가 이후 이 회사의 브랜드 철학이 되었다.

이 조명은 기하학적인 디자인에 과학적인 기능까지 갖춰서 빛의 분할을 효과적으로 조절해 에너지의 효율성도 높였다. 특히 어떤 각도에서도 빛의 근원지인 전구형태를 알 수 없는 디자인으로 고안해 신기함을 더하기도 했다.

이렇게 빛이 만들어 내는 색과 그림자를 탁월하게 표현해 낸 그는 1,000개가 넘는 조명을 디자인하며 현대조명의 디자인 역사를

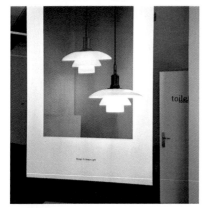

루이스 폴센의 PH조명 제품들

새롭게 구축했고 이는 루이스 폴센의 또 다른 이름이 되었다.

2) 안네 야콥센Arne Jacobsen

안네 야콥센Arne Jacobsen은 덴마크의 유명한 건축가이자 가구 디자이너로 덴마크 모던스타일을 발전시키고 건축기능주의에 기여한 사람 중 하나이다. 그는 가구를 만드는 자료에 특별한 제한을 두지 않고 곡선을 통한 아름다움과 기능적 완성도를 높이는 모던가구를 많이 디자인했다. 특히 프린츠 한센Frinz Hansen과 손을 잡고 일하며 그 협력으로 탄생한 의자가 아주 유명하다.

의자 디자이너의 모습

대표적인 작품으로 '개미의자'를 들 수 있는데 오늘날 공공시설이나 회의실에서 볼 수 있는 포개어서 보관하기 쉽게 사용할 수 있는 간이형 의자의 원형이 되는 의자이다. 초기에는 3개의 다리가 있었는데, 후에는 4개의 다리가 있는 의자도 나왔다.

개미 의자

백조 의자

달걀 의자

두 번째 대표작품은 '백조의자'이다. 코펜하겐에 있는 SAS Royal hotel을 위해 만들어진 의자로, 곡선으로 디자인되고 금속프레임으로 완벽하게 지지하는 기술적 완성도가 높은 의자이다.

세 번째 대표작품은 '달걀의자'를 들 수 있다. 역시 로열 호텔을 위해 디자인한 의자로 부드러운 곡선으로 어느 장소에도 잘 적용될 수 있도록 디자인된 모던 디자인의 아이콘이 된 의자이다.

실제 이 의자와 조명(호텔을 위해 조명도 디자인함)을 보기 위해 이 호텔에서 묵는 사람들도 많다고 한다.

즐거운 배려

얀테의 법칙The law of Jante

'얀테Jante'란 '보통 사람'이라는 뜻을 가진 말로, '얀테의 법칙The law of Jante'란 개인의 재능 계발보다 보통의 교육을 강조하는 것이다. 앞서 아이의 학교 생활을 통해서 설명했듯이 덴마크에서는 학교에서 잘해도 그 아이만 특별히 칭찬해주지 않는다. 개인적으로 그 부모를 만났을 때 따로 얘기할 수는 있어도 아이들이 있는 앞에서 그렇게 하지 않는다. 다 같이 함께 가는 것을 더 중요하게 생각하기 때문이다.

이 법칙은 이러하다.

1. 당신이 특별한 사람이라고 생각하지 마라.
2. 당신이 다른 사람처럼 좋은 사람이라고 착각하지 마라.
3. 당신이 다른 사람보다 똑똑하다고 생각하지 마라.
4. 당신이 다른 사람보다 더 잘났다고 확신하지 마라.
5. 당신이 다른 사람보다 더 많이 안다고 생각하지 마라.

6. 당신이 다른 사람보다 더 중요하다고 생각하지 마라.

7. 당신이 무엇이든 잘한다고 생각하지 마라.

8. 다른 사람을 비웃지 마라.

9. 누군가 당신에게 관심이 있다고 생각하지 마라.

10. 다른 사람에게 어떤 것이든 가르치려 들지 마라.

11. 당신에 대해 다른 사람이 모른다고 생각하지 마라.

이 법칙은 겸손과 배려를 가르치는 덴마크 교육의 철학이다. 이를 바탕으로 교육이 이루어지기 때문에 서로 협력하는 것을 권장하고 누가 못한다고, 다르다고 해서 차별하지 않는다.

그래서 장애를 가진 이들도 무리 없이 사회 활동을 할 수 있다. 도움이 필요한 이들에겐 나라에서 도와주는 사람을 붙여 주고 손과 발이 될 휠체어나 필요한 기구들을 제공해 준다. 이들도 문화 생활을 할 수 있도록 어디든 넓은 좌석이 지정되어 있다.

상담이 필요한 이들에게는 충분히 다양한 방법으로 상담을 하고 사회활동을 할 수 있는 길을 안내해 주고 실패하더라도 기회를 주고 다른 방법을 같이 이야기하며 찾는다. 그리고 가장 중요한 것, 조급해하지 않는다. 나는 이것이 덴마크의 부모들이 아이들에게 화내지 않는 이유의 가장 중요한 포인트라고 생각한다. 이들은 아이들에게도 충분한 시간을 가지고 기다려 준다. 당장 눈앞에 있는 이익이 다가 아니라는 것을 이들은 아는 것 같다. 우리가 생각하는 것보다 이들은 상당히 멀리 내다보고 일을 진행한다.

물론 이 법칙이 훌륭하다는 것에 동의하지 않을 수 있다. 자기자신을 특별하다고 생각하지 않기 때문에 자존감이 떨어지고 우울해질 수도 있다. 그래서 파울로 코엘료는 '자신을 특별하게 인정하라'라는 이 법칙의 반대법칙을 주장하기도 했다.

최근 '카페인 우울증'이라는 말이 한국에서 다른 뜻으로 쓰인다는 기사를 본 적이 있다. 카카오스토리, 페이스북, 인스타그램 등 SNS에 중독되어 자신의 삶에 만족하지 못하고, 다른 사람의 삶을 동경하며 우울해하는 사회현상이라고 한다. 알게 모르게 남과 같은 생각을 강요 당하며, 같은 방식으로만 교육 받은 우리가 다름을 인정하고 나만의 행복을 찾는 것이 쉽지 않을 수 있다. 하지만 남을 의식하지 않고 철저히 자신의 행복을 찾고 남과 비교하지 않는 것, 그냥 나 자신의 삶을 열심히 사는 것, 이것이 우리에게 혹은 우리 사회에 필요한 것이 아닐까 생각해 본다.

즐거운 학교 생활

학교에서는 물론 부모들도 공부를 하도록 밀어붙이지 않는다. 성적이 중요한 것이 아니고 대학을 가고 좋은 직업을 가지는 것이 목표가 아니기 때문이다. 이것이 가능한 것은 대학을 나오지 않아도, 꼭 좋은 직장을 다니거나 사무직이 아니어도 먹고 사는 데 지장이 없기 때문이기도 하다. 한 마디로 직업에 귀천이 없는 것이다. 그리고 노동을 하는 이들도 자신의 직업에 긍지가 있기 때문에 현장에서 일하는 기술을 가진 부모들도 일이 끝나면 작업복을 입고 아이들을 데리러 온다. 우리 아이의 반 친구 아빠는 웨이터를 하고 있지만 아이도 아빠도 이를 전혀 부끄러워하거나 직업을 숨기지 않는다. 그것에 대해 수군대는 이들도 없기 때문에 아이들도 학교에서 아무렇지 않다. 그저 학교에서의 생활은 즐거울 뿐이다. 그것이 가능한 또 한 가지 이유는 이들은 직업을 대할 때 직업의 좋은 점을 먼저 본다는 것이다. 예를 들어 '청소하는 사람'을 대할 때 이들은 '일찍 일을 시작하니 수당이 많겠구나, 일찍 시작한 만큼 일찍 끝나니 오후 시간이 많아 가족들과 보낼 시간이 많겠구나'와 같은 관점으로 바라본다.

또한 같은 반 친구가 결석을 하고 다음 날 학교를 가면 반 친구들과 선생님은 그 친구의 이름을 부르며 서로 안아주고 격하게 환영을 해 준다. 오랜만에 가도 어색하지 않을 만큼 반겨 주므로 학교에 가지 않을 때에는 학교에 엄청 가고 싶어 한다. 특히 생일을 맞이한 친구는 더 특별하다. 먼저 온 친구들은 그 친구가 오기만을 기다리며 친구가 나타나면 격하게 반기며 축하해 준다.

그리고 학교에 입학하면 졸업까지 계속 같은 반이기 때문에 아이들끼리의 관계도 중요하지만 부모와의 관계도 중요하다. 그래서 관계유지를 위해서도 회의나 학교행사 외에 부모들끼리 모이거나 엄마, 아빠가 나눠서 모이기도 한다. 집이나 와인바, 스포츠바 - 주로 아빠들은 중요한 경기가 있을 때 함께 축구를 보며 친목을 나눈다 - 등에서 미리 공지를 하고 참석여부를 파악한 뒤 모임을 가지는 것이다. 모임 주선은 주로 학부모 대표가 하게 되는데 참석자 파악, 장소 예약, 공지 등의 일들을 한다. 이렇게 부모들이 학교 생활에 적극적으로 함께하며 아이들의 학교 생활을 돕는다.

내가 다치면 누가 도와주지?

쉬는 시간이 되면 아이들은 무조건 밖으로 뛰어나간다. 비가 올 때도 예외는 아니다. 그리고 교실문도 잠긴다. 각자 다양한 방법으로 뛰어 놀게 되는데 여기에서 난 훌륭한 규칙을 들었다.

이렇게 밖에서 뛰어 놀다가 누군가가 다친다면 어떻게 할까? 이때 아이들의 역할이 나뉜다. 한 친구는 넘어져 있는 친구를 일으켜 세워 주고 다른 친구는 옷을 털어 주고 또 다른 친구는 재빨리 선생님께 가서 이 사실을 알린다. 그런데 이것 또한 아주 위험한 상황이 아니라면 다친 아이의 의견이 더 중요하다. 그 친구가 원하지 않으면 그렇게 하지 않는다.

이렇게 어릴 때부터 몸에 밴 역할은 어른이 되어서도 똑같이 발현된다. 우연히 사고 현장을 목격한 적이 있다. 상황이 상당히 질서 정연하고 재빨리 움직였다. 누군가는 넘어진 자전거를 일으키며 넘어진 사람을 살폈고, 누군가는 교통에 방해되지 않도록 신호 정리를 했고, 어떤 이는 경찰을, 어떤 이는 구급차를 불렀다. 그때는 너무 차분하게 이 모든 일들이 이루어져서 마냥 신기했었는데, 아이의 말을 들으니 이해가 됐다. 어릴 때부터 이런 교육을 받은 것이 큰 도움이 되는 것 같다.

외출이 쉬운 장애인들

이런 배려는 장애인을 마주할 때도 마찬가지다. 덴마크에는 계단이 있는 모든 곳에 엘리베이터가 있고, 곳곳에 유모차나 휠체어가 지나가기 편하도록 길이 만들어져 있기 때문에 몸이 불편한 사람들도 외출이 아주 쉽다. 혼자서 움직이기가 힘든 중증 장애인은 도우미가 도와준다. 그들이 좀 더 편하게 움직일 수 있도록 맞춤형 휠체어와 자동차 운반 서비스가 제공되기 때문에 어디든 갈 수 있다. 또한 공연장이나 극장에도 휠체어가 들어갈 넉넉한 자리가 따로 마련되어 있어서 문화 생활을 충분히 즐길 수 있다.

덴마크의 저상버스

대중교통 또한 마찬가지다. 버스, 지하철, 기차 모두 이용할 수 있다. 이들이 대중교통이나 엘리베이터를 사용함으로 인해 시간이 조금 지체되더라도 어느 누구 하나 눈살을 찌푸리는 사람이 없다. 그저 같이 기다려 주거나 이들이 좀 더 쉽게 이용할 수 있도록 오히려 도와준다. 장애인을 밖에서 쉽게 만날 수 있기 때문에 장애인에 대해 이상한 눈길을 주는 이가 없다. 덴마크의 모든 버스는 저상버스이다. 지금은 한국에도 저상버스가 도입되어 몸이 불편한 이들이나 유모차가 손쉽게 이용할 수 있게 되었는데, 서울에 처음으로 도입한 저상버스가 바로 덴마크의 버스를 보고 벤치마킹한 것이라고 한다.

그리고 몸만 불편한 장애가 있는 아이라면 보통 일반 학교에 다니며 다른 아이들과 똑같이 재미있게 학교 생활을 한다. 딸의 학교에도 그러한 아이가 있었는데 간혹 학교에서 보면 아이들은 서로 휠체어를 밀어 주고 끌어 주며 도와주고, 심지어는 같이 휠체어에 올라타 놀기까지 한다. 그런 모습을 보면 이들의 열린 마음이 부러우면서 동시에 한국도 사람들의 시선이 바뀌어서 그들이 더 이상 숨어서 생활하지 않고 하루 빨리 당당히 다른 사람들과 함께 어울리는 사회가 되었으면 하는 마음이 든다.

버스 내부의 모습
유모차나 휠체어가 없을 때는 사람들이 앉을 수 있도록 된 접이식 의자가 마련되어 있다.

버스에서 내리는 유모차
한국에서는 유모차를 끌고 버스를 타는 부모들을 쉽게 보기 힘들지만
덴마크에서는 흔한 광경이다.

몸에 밴 기부문화

모숀스 데이Motions Dag(움직이는 날)

덴마크에서는 아이들을 많이 움직이게 해서 건강하게 크는 것을 중요시하기 때문에 체육활동을 많이 한다. 그런 의미에서 덴마크 전체 학교가 일 년에 한 번 같은 날 다른 수업 없이 '모숀스 데이Motions Dag(몸을 움직이는 날)'를 가진다. 학교마다 코스가 겹치지 않도록 계획을 해서 학교 근처 숲이나 공원으로 간다. 아이들이 길을 잃지 않도록 길 중간 중간에 안내 표지를 세워 놓고 선생님들이 길을 안내한다. 즉, 아이들이 움직이기에 좋은 장소를 학교 근처에서 선택하여서 아이들이 자기가 할 수 있는 거리만큼 뛰거나 걷게 하여 몸을 움직이게 하는 것이다. 학교마다 조금씩 차이는 있지만 아이들의 움직인 거리만큼 기부할 수 있도록 하기도 한다. 아이들이 뛰어 봤자 얼마나 뛰겠냐 싶을 수도 있겠지만 0~2학년 아이들이 5~10㎞를 움직인다. 아이들은 우리의 생각보다 꽤 많은 거리를 뛸 수 있다.

유치원 옥션 행사

유치원에서 옥션 행사가 있었다. 아이들이 만든 작품들을 부모들이 구입을 해서 그 모인 돈을 기부하는 형태의 행사였다. 부모들이 작품 하나하나를 손을 들며 경매를 하기 시작하자 재미있어 보였던지 아이들도 하나 둘 손을 들며 경매에 참여했던 기억이 난다. 그때 경매한 아이들의 작품은 아직도 우리 집 거실에 장식이 되어 있어서 볼 때마다 그때의 추억이 떠오른다. 내 아이의 작품을 돈을 내고 사야 한다는 것이 좀 의아하긴 했지만 좋은 일에 쓰인다니 기꺼이 지갑을 열었다. 혹시 아는가? 이 아이들이 제2의 피카소가 될지.

고힐스 베비스Godheds Bevis(착한 일 인증)

그 외에도 학교에서는 '고힐스 베비스 Godheds Bevis(착한 일 인증)'라는 증서를 통해 기부활동을 할 수 있도록 장려하는데 아이들은 주말에 이 증서를 집으로 가져온다.

고힐스 베비스 인증 증서

칭찬받을 만한 착한 행동을 하고 그것을 적은 증서를 학교 도서관에 제출하면 25크로네(한화 5,000원)가 덴마크 기부금 단체에 쌓이는 기부활동이다. 아주 간단하지만 덴마크는 어릴 때부터 이런 기부활동을 경험하게 해서 기부활동이 생활화 될 수 있게 한다.

실제로 덴마크 사람들은 기부활동이 매우 활발한 편이다. 집에 있다 보면 간혹 초인종을 누르며 기부활동을 하는 아이들이나 부모들을 만날 수 있다. 주로 지역교회를 통해서 하는 방법인데 교회가 적십자 단체와 연결이 되어서 매번 지원자를 받아 이 기부활동을 한다. 교회 관계자의 이야기를 들어 보면 많은 사람들이 자원하지는 않지만 그래도 꾸준히 사람들이 모여서 봉사를 한다고 한다.

그리고 생활 속에서 기부 광고를 많이 접하게 된다. 예를 들어 대중교통의 모니터 속에서 기부 캠페인을 접하거나 혹은 여러 가게에서 어떠한 물건을 구입하면 일부가 기부가 되는 시스템을 이용하기도 한다. 이러한 기부활동은 기업에서도 활발하게 일어나는 편이다.

애견샵에 있는 기부 박스
원하는 물건을 구매하여 이 박스에 넣으면 좋은 곳에 사용된다.

덴 마 크 식   행 복 육 아

아파트 베란다에 붙어 있는 기부 광고
해당 브랜드의 음료를 구매하면 일정 금액이 자동으로 기부된다는 내용의 기부 광고가 붙어 있다.

기업의 기부활동

1) 덴 릴레 하우프루에Den lille Havfrue(인어공주)

안데르센의 대표작 인어공주에 나오는 이 인어공주 상은 덴마크의 대표적 상징물이 되었다. 칼스버그 맥주회사의 2대 사장인 칼 야콥슨Carl Jacobsen이 왕립극장에서 상영된 발레 '인어공주'를 관람하고서는 조각상 건립을 추진했고, 1913년 에드바르트 에릭슨이 당시 왕립극장의 프리마돈나를 모델로 해서 제작하였다.

2) 오페라엔 포 홀멘Operaen på Holmen(오페라 하우스)

1690년부터 해군본부가 있던 '홀멘Holmen'이라는 인공섬에 시드니 오페라 하우스를 건축했던 헤니 카센Henning Karsen이라는 건축가가 '메어스크Mærsk'의 후원으로 오페라 하우스를 건축했다. 여왕이 머물고 있는 '아말리엔 궁'Amalienborg Slot' 맞은편 바닷가에 위치해 있어 성 앞에 있는 공원과 함께 오페라 하우스를 만들었다. 덴마크의 대표적 랜드마크를 덴마크 기업이 후원을 해서 사회에 환원했다는 것에 큰 의미가 있다.

덴마크의 대표적인 관광지 중 하나인 인어공주상(위)과 오페라하우스(아래)

3) 교회 수리

지금 현재 한인 교회로 사용되고 있는 건물은 - 이 건물은 한인 교회가 독일 교회에 빌려 쓰고 있다. 한인 교회 외에 프랑스, 가나 교회도 같이 사용하고 있는데 예배시간을 나눠서 사용하고 있다 - 덴마크 루터교가 아닌 독일이 관리하고 있는 개혁교회다. 역사가 좀 오래된 교회이기도 한 이곳은 예전에 독일의 공주가 덴마크로 시집을 와서 자신의 나라를 그리워하며 세운 것으로 320년이 훌쩍 넘었다. 320년 기념 예배 때 덴마크 여왕이 직접 와서 예배에 참석할 만큼 역사가 깊은 곳이기도 하다. 지은 지 오래되었기 때문에 보수를 안 할 수가 없는데 비싼 물가를 자랑하는 이곳에서의 공사는 한 번 시작하면 정말이지 천문학적인 돈이 든다. 한인 교회에서도 빌려 쓰는 입장에서 보수 공사에 관해서 부담이 없긴 않겠지만 독일 교회의 부담이 - 독일 교회는 나라에서 운영하기 때문에 교회의 헌금으로 유지되는 것이 아니라 종교를 가진 이들이 종교세를 별도로 납부한다. 이는 덴마크도 동일하다 - 만만치 않았으리라 생각했는데 알고 보니 메어스크에서 공사비를 납부해 줬다고 한다. 이 소식을 접한 나로서는 신선한 충격이었다. '기업에서 이렇게 티 나지 않는 작은 기부도 하는구나.'

질병을 대하는 그들의 자세

자주 아픈 아이들

대부분의 덴마크 부모들은 맞벌이를 하기 때문에 아이들은 일찍부터 어린이집과 유치원을 갈 수 밖에 없는 환경이다. 그래서 그만큼 질병에 노출되기 쉽다. 누군가가 감기에 걸리면 그 교실에는 아이들이 돌아가며 아프다. 특히 날씨가 추운 겨울은 더하다. 그래서 아이들의 전원 출석이 쉽지 않다. 더군다나 덴마크에는 수두에 관한 예방접종이 없다. 덴마크에서 수두는 누구나 걸려야 하는 질병 중 하나이고 몸이 스스로 이겨내야 한다고 생각하기 때문에 어린이집이나 유치원에서 누군가가 수두에 감염이 되면 공지가 된다. 전염이 되는 것이기 때문에 이때 아이들이 많이 빠지기도 한다. 우리 아이 또한 수두에 감염되어서 결석을 많이 했다. 이렇게 아이들이 어릴 때부터 아프면서 면역력이 많이 생겨서 그런지 초등학교로 올라가면 덜 아프고, 아프다고 빠지는 아이들도 상대적으로 적어진다.

이번에는 '루스Lus'다. 루스는 한국 부모들이 들으면 소스라치게 놀랄 만한 '이'다. '선진국에 웬 이?' 하겠지만 정말 이가 돈다. 약국이나 슈퍼에 가면 이에 관련된 샴푸나 빗을 쉽게 발견할 수 있고 이가 생기는 것은 어린이집이나 유치원뿐만 아니라 초등학교에서도 가끔씩 일어나는 일이다. 부모가 아이들의 머리에서 이를 발견했을 경우 선생님께 알리거나 유치원이나 학교 게시판 같은 곳에 공지한다. 아이의 머리에서 이가 발견되었으니 각자 아이들의 머리를 체크하라고 말이다.

조금 의아하게 들릴 수도 있겠지만 모든 사람들이 한국 사람들처럼 잘 씻는다고 생각하면 안 된다. 사실 보통의 유럽인들이 한국 사람들처럼 잘 씻는다고 말하기는 힘들다. 사람마다 다르지만 이곳 사람들은 바닥에도 그냥 잘 앉고 신발 없이 맨발로도 잘 다닌다. 특히 여름엔 그런 모습을 종종 볼 수 있고 풀밭은 뭐 말할 필요 없이 맨발로 잘 다닌다. 우리 아이 또한 잔디밭이 나오면 자연스럽게 신발을 벗는다. 그러니 유치원이나 학교에서 옷을 입을 때 - 겨울 우주복 혹은 여름에는 속옷차림으로도 잘 논다 - 나는 최대한 깨끗한 곳을 찾아 옷을 두고 아이를 웬만하면 바닥에 앉히지 않고 옷을 입히려 애를 썼다. 지금은 많이 현지화가 되어 버려 예전만큼은 아니지만 그렇다고 완전히 여기 사람들처럼 하지도 않는다. 어찌되었든 나는 빨리 옷을 입혀서 빠져 나오기 바빴는데 이들은 아니다. 아이만 '철퍼덕'이 아니라 부모도 같이 '철퍼덕'이다. 그리고 아이가 스스로 하도록 훈련을 많이 시킨다. 속도가 느려도 개의치 않는다. 부모들끼리 서로 이야기하며 그냥 아이를 기다려 준다. 아무것도 아닌 이런 것에서도 이들에게는 여유가 느껴진다.

덴마크의 의료시스템

덴마크에서는 '노란 카드'를 가지고 있으면 병원이나 도서관을 무료로 이용할 수 있다. 덴마크에도 물론 사립병원은 있지만 의사도 공무원의 개념이다. 그래서 병원도 유치원이나 학교처럼 종합병원을 제외하면 지역에 나눠 분포되어 있어 집 근처에 있는 병원에 가정의가 배치되고 혹 의사가 마음에 들지 않으면 사유서를 제출하고 집 근처 다른 병원에 배정을 받을 수 있다. 이런 시스템으로 운영되기 때문에 치과가 교내에 있을 수 있는 것이다. 그렇다고 지역별로 치과나 병원이 하나만 있는 것이 아니기 때문에 배정 받은 곳을 변경할 수 있다.

물론 이 시스템에도 장단점은 있다. 누구나 무료로 병원을 이용하기 때문에 돈이 없어서 치료를 못 받는 경우는 없다. 그러나 무료이기 때문에 각 병원에는 기본 의료기기만 있고 환자가 원하는 검사를 다 해 주지도 않는다(모든 사람은 가정의를 거쳐야 하며 거기서 추천서를 받아 종합병원이나 전문병원으로 가야 한다). 의사가 필요하다고 판단하면 추천서를 써 주거나 해당 병원에서 예약날짜 및 검사스케줄 편지를 집으로 발송한다. 상당히 느리고 의술이 한국처럼 뛰어나지는 않다. 앞서 말한 것처럼 누구나 치료를 받을 수 있을 뿐이다. 그래서 감기 정도로는 병원을 찾지 않는다. 만약 간다면 따뜻한 차를 마시며 푹 쉬라는 말만 들을 것이다. 약 처방 받기도 쉽지 않다.

약간의 항생제 성분이 들어 있어도 의사의 처방이 꼭 필요하며 이러한 약을 살 때는 약국에서도 노란 카드를 꼭 보여 줘야 한다.

덴마크 생활 TIP

한국에서 상처치료제로 흔히 쓰이는 '후시딘'이라는 연고는 덴마크 제품이다. 그런데 남편이 약국에 가서 처방전 없이 '후시딘'을 사려다가 이상한 사람 취급을 당했다고 한다. '후시딘'은 고향인 덴마크에서는 처방을 받아야 살 수 있는 약인 것이다.

함께하는 가족중심 문화

높은 임금과 높은 세율, 그리고 더 높은 물가

덴마크는 높은 임금을 받지만 적게는 8%에서 많게는 70%까지, 보통은 38~52%정도로 세율이 높은 편이다. 그리고 상대적으로 높은 물가로 인해 맞벌이를 하지 않으면 생활이 되지 않는다. 이는 한국이 교육비 부담으로 맞벌이 하는 것과는 다른 개념으로, 높은 집 월세와 물가로 인해 실질적인 생활이 어려운 것이다. 하지만 이들이 맞벌이를 충분히 할 수 있는 것은 빨리 출근하면 빨리 퇴근하고, 늦게 출근하면 늦게 퇴근할 수 있도록 일하는 시간이 탄력적으로 조절 가능하기 때문이다. 그리고 아이들을 맡길 수 있는 충분한 프로그램이 있기 때문이다.

덴마크의 학교가 비교적 이른 시간인 8시에 시작하는 것도 부모들이 출근을 해야 하기 때문이다. 유치원은 7시부터 5시까지, 학교는 8시부터 방과 후 5시까지 아이들을 돌봐 주기 때문에 부모들은 편하게 일을 할 수 있다. 보통 부모 중 한 사람이 빨리 퇴근하면서 아이들을 데리고 와 저녁을 준비하고, 늦게 출근하는 사람이 아이들을 준비시켜 학교에 데려다 주고 퇴근하는 시스템이다. 만일 일이 둘 다 바쁘면 할머니, 할아버지 등 다른 가족의 도움을 받거나 베이비시터를 구하기도 한다.

덴마크에서는 높은 세율 때문에 사람들은 대체적으로 가족과의 시간을 포기한 채 일을 하지 않는다. 덴마크의 시스템을 아직 잘 이해하지 못했다면 '이게 무슨 말이야?' 하며 고개를 갸우뚱 할 것이다. 물론 각자의 상황과 어떤 직업군을 가졌느냐에 따라 다르지만 보통은 그렇게 추가적으로 혹은 무리하게 일을 해서 번 돈은 세금으로 더 나간다. 그래서 사람들은 덜 일하고 나머지 시간은 가족과 함께 보내는 것이다.

몇 년 전, '대화가 필요해'라는 제목의 개그 프로그램이 있었던 것을 기억한다. 가족 간의 대화가 없어서, 특히 아빠는 집안에 무슨 일이 일어나고 있는지를 몰라서 일어나는 일에 대한 개그였다. 그것을 보며 그냥 웃고 넘길 수도 있겠지만 그 속에서 서로 대화가 단절되거나, 대화가 부족한 우리 사회를 엿볼 수 있었다. 사회 구성의 가장 기본인 가족 간에도 제대로 대화가 이루어지지 않는데 사회라고 제대로 이루어지겠는가. 개그 소재로 쓰일 만큼 우리의 단절된 모습이 안타깝기만 하다.

그렇다면 이들이 가족과 함께 보내는 시간이 특별한가? 사실 그리 특별할 것도 없다. 같이 산책하고 요리하고 어린 아이들이 있으면 놀이터에서 함께 놀며 시간을 보내고 같이 운동을 한다. 그게 전부다.

한 예로, 조깅을 하고 싶은데 아기가 있다. 그렇다면 이들은 조깅용 유모차를 이용해 아이를 태우고 유모차를 밀며 운동을 한다. 아이가 좀 컸다면 부모는 뛰고 아이들은 자전거를 타며 속도를 맞춘다. 이렇게 아이가 어렸을 때부터 가족끼리 보내는 시간이 많기 때문에 서로 대화가 가능하고, 대화하고자 억지로 자리를 마련하지 않아도 모든 것이 자연스럽다.

덴마크에서의 생일

생일 이야기를 좀 더 자세히 해 보려 한다. 가족 중심의 문화로 인해 가족들의 생일은 이들에게 중요한 가족의 행사 중 하나이다. 가족의 생일이 있으면 가족과 시간을 보내기 위해 부모들이 휴가를 낼 만큼 시간을 따로 마련한다. 그래서 생일파티도 다양하게 즐긴다. 아이들도 그런 생일을 기다리고 최고의 파티를 기대한다.

요즘은 어떤지 잘 모르겠지만 나의 어릴 적을 기억한다면 우리의 생일 때는 엄마가 준비해주시는 미역국과 평소보다 많은 반찬들, 케이크, 선물 등이 떠오른다. 친구들을 초대한다면 친한 친구들 몇명을 초대해서 맛나게 음식을 먹고 놀았던 기억도 있다.

이곳에서도 생일에는 케이크를 먹고 가족과 함께하는 시간을 가진다. 맛나는 음식을 먹거나 재미나는 장소에 가기도 한다. 여느 나라와 별 차이 없지만 조금은 특별한 하루를 보낸다. 그리고 생일

날 학교에 초콜릿볼이나 초콜릿케이크를 학교에 가지고 가서 선생님, 친구들과 나누어 먹기도 한다.

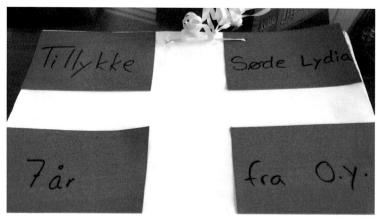

아이가 0학년 때 학교에서 받은 생일 선물
'리디아의 7번째 생일을 축하해. 0학년 Y반에서'라고 적혀 있다.

생일 파티를 하는 경우는 한국과 조금 다르다. 제일 큰 차이는 친한 친구 몇 명만 초대할 수 없다는 것이다. 반 전체의 아이들을 다 초대하거나 남자아이일 경우 남자아이들만, 여자아이일 경우 여자아이들만 초대할 수 있다. 파티의 장소는 부모가 원하는 곳으로 정할 수 있다. 간단히 집에서 할 수도 있고 가까운 공원에서도 할 수 있는데 이때는 날씨의 영향이 있어서 주로 여름에 생일을 맞이한 아이들은 야외에서 많이 한다. 아무래도 집이나 공원에서 할 경우에는 더 재미난 파티를 위해 부모들이 게임이나 같이 놀 프로그램을 준비하기도 한다. 아니면 파티의 콘셉트를 정하기도 하는데, 예를 들어 인디언일 경우 인디언 분장을 간단히 준비해 아이들도 같이 참여할 수 있게 하고 파티 장소 역시 인디언 느낌으로 꾸미고 활쏘기나 나뭇가지 던지기 같은 놀이를 한다. MGP 콘셉트이면 일단 파티 시간이 저녁 시간이다. 저녁 시간에 그 해의 MGP가 방송하기 때문에 방송을 보며 누가 1, 2, 3등을 할지 각자 심사위원이 되어서 후보자들을 채점하며 같이 노래하고 춤추며 파티를 즐긴다.

아니면 생일 파티 프로그램이 있는 장소를 이용하기도 한다. 이때는 부모가 프로그램을 짜지 않아도 되어서 부모의 입장에서는 조금 편하기도 하다. 예를 들어 서커스 뮤지엄에서 하는 파티가 그런 경우다. 아이들은 그곳에서 간단한 서커스를 배울 수 있다. 의상도 빌려주기 때문에 아이들이 엄청 신나 한다. 그렇게 배운 서커스로 부모들이 데리러 오는 시간에 맞춰 간단한 공연도 하게 된다. 각자 배운 것들 훌라후프 돌리기, 줄타기, 그네타기, 외줄타기 등의 의상을 갖춰 입고 배운 것들을 부모들 앞에서 선보인다.

미술관에서도 할 수 있는데 그때는 전시되어 있는 작품들을 설명과 함께 감상하고 미술활동을 하는 시간을 가진다. 수영장에서는 말 그대로 수영을 즐기고 실내 놀이터에선 신나게 그곳에서 놀면 된다. 동물원에서는 안내자의 설명과 함께 동물원을 즐긴다. 이런 프로그램을 이용할 때는 비용이 부담이 되기 때문에 근처에 생일이 있는 아이들을 모아 파티를 열어서 부모들의 부담을 덜기도 한다.

초대받은 아이들은 각자 학교 회의 때 정해진 금액 안에서 선물을 준비하고 선물 또한 여럿이 모아 같이 준비하기도 한다. 선물 금액이 많지 않기 때문에(20~25크로네, 한화로 4~5천 원 정도) 두 세 명이 돈을 모아 조금 큰 선물을 하기도 한다.

생일을 준비하는 부모들은 아이들이 먹을 간단한 음식과 음료를 준비한다. 생일 파티 프로그램을 이용할 경우에는 그곳에서 음식이 준비되는 경우도 있고 따로 준비를 해야 하는 경우도 있을 수 있다. 음식은 한국에 비하면 아주 간단하고 소박하게 준비한다. 제일 중요한 케이크(보통 집에서 직접 만든다), 소시지 빵이나 피자 조각, 팝콘, 오이, 당근, 음료, 약간의 과일 정도면 충분하다. 그리고 아이들이 가장 기다리는 답례품 같은 '슬릭 포스Slik pose(사탕, 젤리류가 담긴 봉투)'를 준비해서 이날 파티에 온 아이들에게 하나씩 나눠준다. 이렇게 파티는 보통 3시간 정도 이루어지고 마지막으로 받은 슬릭 포스 안의 달콤한 것들을 먹으며 파티는 끝이 난다. 매해 부모는 '어떻게 파티를 열어 줘야 하나' 하고 많은 고민에 빠지지만 아이들에게 생일 파티는 가장 큰 행복이다.

여름 별장 섬머하우스Sommerhus

덴마크 사람들은 방학이나 주말에 자신의 혹은 가족의 '섬머하우스Sommerhus(여름 별장)'에 종종 간다. 여름 별장이라고 해서 거창한 것은 아니다. 각자의 경제력에 따라 위치와 집의 크기 내부 인테리어는 달라진다. 이들은 단지 도심 주거지에서 벗어나 조금 더 자연과 함께하고 정원을 가꾸며 조용히 휴식을 취하며 가족들과 함께 시간을 보내는 것에 의미를 둔다.

어느 날 딸의 친구인 베로니카 가족이 우리 가족을 섬머하우스에 초대한 적이 있다. 코펜하겐에서 대략 1시간 정도 떨어진 조용하고 숲이 우거진 바닷가 마을이었다. 사람들은 낚시를 하고 정원을 가꾸며 저마다의 방법으로 시간을 보내고 있었다. 친구네 섬머 하우스도 꽃을 새로 심을 예정이었는지 여러 종류의 꽃들이 준비 되어 있었다. 그리고 정원에 심겨진 과일 나무를 가리키며 여름이 되면 과일이 많이 열리니 와서 따 가라는 말도 했다. 집이 오래되 어서 좁고 낡아 여름부터 조금씩 고쳐 가며 확장할 계획이 있다며 집을 가꾸는 것에 대한 애착을 드러냈다.

바다낚시를 나온 아이와 아빠

섬머하우스를 즐기는 아이와 친구

아이와 베로니카는 정원에 텐트를 치고 그 안에서 놀았다. 그 날은 봄이었지만 제법 쌀쌀해서 집안에 벽난로를 피울 정도였다. 비도 오락가락 하던 날이었는데 마침 아이들이 텐트에서 놀고 있을 때 비가 왔다.

나와 남편은 "텐트에 비가 새서 아이들 옷이 젖으면 더 추워질텐데…"라며 걱정을 하기 시작했다.

하지만 베로니카의 엄마는 "텐트 안에서 빗소리를 들으면 너무 로맨틱하지 않아요? 빗소리가 정말 아름답네요"라고 말했다. 우리와는 너무 다른 접근방식에 놀라지 않을 수 없었다. 이것이 휘게한 보통의 덴마크 사람들의 모습이다.

이처럼 이들은 나무를 심고 꽃을 가꾸고 아이들의 놀이터를 손수 만들면서 아이들이 그곳에서 뛰노는 모습을 바라본다. 또 직접 심은 나무에서 열린 열매를 따서 먹고 꽃으로 꽃병을 장식하고 바닷가에서 주운 조약돌에 그림을 그린다. 그렇게 소박하게 시간을 보내며 행복을 일상에서 찾는다. 섬머하우스에서의 시간은 무척이나 느리고 아름다웠다.

놀이동산

이들이 여름을 즐기는 또 하나의 방법은 놀이동산이다. 한국은 놀이동산이 일 년 내내 문을 열고 실내에서도 즐길 수 있지만 이곳은 사정이 다르다. 야외에 설치되어 있기도 하고 겨울이 되면 어둡고 춥기 때문에(3시부터 점점 어두워진다) 대표적인 놀이 동산인 '티볼리Tivoli'를 제외하고는 4월에서 9, 10월 정도에만 오픈을 한다.

1843년에 문을 연 티볼리는 코펜하겐 중앙역 맞은편에 있어 사람들에게 친숙한 곳이다. 월트 디즈니도 이 공원을 참고했을 정도로 당시에는 아주 획기적인 테마공원이었다. 당시 덴마크 국왕이었던 크리스티안 8세 때 게오르그 카스텐센Georg Carstensen이 오락시설이 거의 없던 도시에 시민들에게 즐거움을 줄 수 있는 시설을 만들고자 설립했다. 그런데 그는 당시로서는 매우 이례적으로 '신분의 차별 없이 누구나 즐길 수 있는 장소'를 만들고 싶어했다. 무수한 반발 끝에 만들어진 이 공원은 지금은 그의 꿈대로 어른, 아이 할 것 없이 누구나 사랑하는 공원이 되었지만 그는 운영에서도 제외되었고 코펜하겐에서도 쫓겨났다고 전해진다.

이곳에는 놀이기구 이외에도 콘서트홀과 야외극장이 있어 공연을 즐길 수 있다. 놀이터도 만들어서 놀이기구를 타기에 아직 어린 아이들도 재미있는 시간을 보낼 수 있도록 마련되어 있다. 여름시즌이 끝나면 가을에는 할로윈 준비를 위해 잠시 문을 닫고 다시 할로윈 때 다시 오픈을 한다. 할로윈 풍경의 티볼리를 즐기고 나면 크리스마스가 되기 전까지 다시 문을 닫는다. 장식이 완성되면 연말까지 오픈해 많은 이들이 크리스마스의 티볼리를 즐긴다. 그리고 다시 4월 오픈까지 문을 닫는다.

이처럼 놀이기구만 타면서 즐기는 곳이 아니고 시즌별 장식과 산책을 즐기기에도 손색이 없는 공원이기에 남녀노소 누구나 이곳을 즐긴다. 7세까지는 입장권이 무료, 65세 이후는 할인혜택, 연회원권도 있다. 덴마크 물가에 비하면 저렴한 편이어서 부담 없이 이용할 수 있는 시스템이다.

티볼리Tivoli의 모습

　매년 2월 중순인 7, 8주 정도에 겨울방학이 있는데, 그 동안에는 '레고 월드'가 3일 동안 열린다. 레고의 다양한 상품만큼 다양한 테마를 즐길 수 있다. 어린 아이들은 놀이터와 접목된 레고 두플로, 여자아이들은 주로 레고 프렌즈, 남자아이들은 스타워즈나 닌자고 배트맨, 어른들은 테크닉 파트로. 주로 이렇게 나눠지고 다들 각자 원하는 곳에서 즐기는 것을 볼 수 있다.

　우리 아이는 역시 들어서자마자 지도를 받아 레고 프렌즈부터 찾았다. 각각의 캐릭터가 아이들의 키 높이에 만들어져 있고 무수한 블록들이 곳곳에 놓여져 있어서 원하는 사람들은 마음껏 만들어 볼 수 있다. 그리고 중간 중간에 탈 것들, 그림 그릴 수 있는 곳, 반짝이 타투를 받는 곳, 음악에 맞춰 춤을 출 수 있는 무대도 마련되어 있다. 비옷을 입고 레고 폭포수 체험도 가능하다. 또한 블록에 원하는 이름을 새겨 나만의 블록을 가질 수도 있다. 파란색의 레고만을 이용한 수영장도 만들어져 있어서 아이들이 그곳에 들어가 물놀이를 즐기듯 놀 수도 있다. 이처럼 다양한 테마와 아이디어로 부스들이 꾸며져 있어서 아이들의 상상력을 마구마구 자극시켜준다. 그리고 거기서 안내하며 도와주는 사람들은 아이들을 그냥 지나치지 않는다. 재미는 있는지, 이것으로 무엇을 만들 것인지를 물어본다. 아이들은 답하며 자연스럽게 대화를 이어 나간다.

또한 레고로 만들어진 다양한 작품도 감상이 가능하다. 전시되어 있는 곳에 사용된 블록 개수와 만들어진 시간이 기록되어 있고 그 작품을 만든 사람도 있어서 궁금한 것이 있으면 질문을 통해서 원하는 답을 들을 수 있다. 어떻게 저런 것을 만들었을까 싶을 정도로 그들의 창의력과 기술력, 그리고 예술성이 아주 뛰어났다. 과연 레고의 나라다웠다.

레고 박람회

미술관

코펜하겐에서 북쪽으로 이어진 해안선을 따라 형성된 마을 훔레백Humlebæk에는 1958년 쿤드 젠슨Knud W. Jensen이 개관한 루이지애나 현대미술관이 있다. 종종 사람들은 '루이지애나? 미국?' 이런 식의 반응을 하곤 하는데 실제로는 이 미술관을 개관한 쿤드 젠슨의 부인들의 이름을 따서 붙여진 것으로 전해진다(그는 3번의 결혼을 한 것으로 알려졌고 부인들의 이름은 모두 루이지애나였다).

바다와 잔디 정원이 잘 어우러져 있는 이곳은 현지인 뿐만 아니라 관광객들도 이곳의 자연과 예술작품을 즐기러 방문할 정도로 명소이다. 우연히 『일본으로 떠나는 서양 미술 기행』이라는 책을 읽은 적이 있는데 거기에서 본 일본의 '하코네 조각의 숲 미술관'과 참 많이 닮은 곳이다. 물론 작품이 조각품만 있는 것도 아니고 그곳처럼 대자연과 함께 즐기는 리조트형 미술관 형태도 아니지만 도심 속에서 잠시 벗어나 자연이 만들어 낸 호수와 주변 숲들 그리고 확 트인 바다와 아울러 야외에 세워진 조각품들이 그곳의 분위기와 매우 비슷하다는 느낌이 들었다. 특히 '시간과 기후에 따른 빛과 자연의 변화,

작품 활동 중인 딸아이
태극기를 찰흙으로 만든 후 색을 입히고 있다.

계절마다 다르게 피는 꽃 등은 이곳의 매력을 배가시켜 준다.' 이 부분은 나의 무릎을 칠 만큼 적극적으로 동의하는 부분이다.

비 내리는 루이지애나

이렇듯 자연이 함께하는 부분도 특징이지만 아이들이 작품활동을 할 수 있도록 별도로 공간을 마련해 두고 있는 것도 이곳의 매력이다. 물론 다른 미술관들도 아이들이 체험을 하며 작품을 접할 수 있는 프로그램이 마련되어 있지만 이곳은 좀 더 특별하다.

아이들의 공간으로 들어가면 이곳 저곳에 종이와 물감, 색연필 등이 비치되어 있는데, 이 같은 물품들은 디자인 DIY 용품 회사 '판두로Panduro'라는 곳에서 후원한 것이다. 부모들과 아이들은 이것들을 이용해서 본인이 원하는 것을 그리거나 만드는 것을 볼 수 있다. 원한다면 만든 작품들을 전시도 할 수 있다. 또한 미술관 내에 교사 - 아이들의 미술수업이 신청자에 한해서 이루어진다. 어린 이관을 관리하며 아이들에게 수업도 하는 교사가 자신의 작품활동도 하면서 상시 근무하고 있다 - 가 있어서 아이들의 질문에 답해 주고, 요청하는 작품을 뚝딱뚝딱 만들어 내기도 하면서 이목을 끌어 주기 때문에 아이들은 이곳을 무척이나 좋아한다. 우리 아이도 이곳에 오면 작품 감상에는 별로 흥미가 없고 당연하다는 듯이 이곳으로 향한다. 그래서 부모는 아이의 방해 없이 작품도 감상할 수 있어 일석이조이다.

어린이 관을 알리는 간판

나무 옷걸이
나무 그대로를 옷걸이로 활용했다. 어디든 자연을 활용하는 덴마크 사람들의 센스를 엿볼 수 있다.

또 다른 미술관인 '아켄미술관' 역시 도심에서 벗어나 바닷가 근처에 위치하고 있다. 관광객들에게는 '루이지애나 미술관'처럼 많이 알려져 있지 않지만 현지인들은 종종 찾는 곳 중 하나이다. 그리고 근처에 놀이터와 바다, 호수가 어우러져 있어서 작품을 보고 날씨가 좋은 여름에는 그릴도 즐길 수 있어서 여유로운 주말은 더할 나위 없이 좋다. 이곳의 특징은 작품에 쓰이는 스펀지를 아주 많이 바닥에 깔아놓고 아이들이 점프를 하며 놀이터처럼 즐길 수 있도록 마련되어 있고 다른 미술관처럼 원하는 재료들을 이용해서 본인들이 마음껏 만들고 그릴 수 있도록 되어있다. 재미있는 것 중 하나는 지정된 미술관 바닥이나 벽에 물감을 이용해 그림을 그릴 수 있도록 되어 있어서 아이들이 전시되어 있는 작품을 보고, 본인이 마음껏 표현할 수 있다는 것이다. 나는 이 공간이 있어 무척이나 신선하고 좋았다. 하지만 아쉽게도 현재는 미술관의 주변공사와 보수로 인하여 이 공간이 사라져 있는 상태이다. 어서 빨리 다시 마련되길 바란다.

페트병으로 인형을 만들고 있는 딸아이

바닥에 그림을 그리고 있는 딸아이　　　점프 놀이터

　　이러한 미술관은 17세까지 무료입장이 가능하기 때문에 부모들
은 아이들뿐만 아니라 아이들의 친구들까지 데리고 부담 없이 찾
을 수 있다. 만들어진 작품이나 그려진 그림들은 본인들이 원하면
전시도 가능하다. 잘 만들고 그린 작품들만 인정받는 것이 아니라
자기 자신의 작품이 전시 되었다는 그 자체에 자부심을 느끼며 아
이들은 성장해 나간다. 시시 때때로 변하는 자연이 주는 배경과
나무 그대로가 옷걸이로 사용되는 것을 직접 보고 체험하면서 나
는 디자인 강국인 덴마크에 대해 다시 한 번 감탄했다.

직원이 행복한 덴마크의 근로문화

일반 직장의 근로문화

덴마크의 근로문화를 알면 학교 시스템이나 가족 문화 등 덴마크에 대해 이해하기가 좀 더 쉬울 것이다. 일반 직장의 법정 근로시간은 주 37시간, 월 160.33시간이다. 근로시간을 채우는 범위 내에서 출퇴근 시간은 유동적으로 선택할 수 있다. 물론 직장이나 직급마다 다르지만 젊은 부부들이 아이들을 유치원이나 학교에 보내고 픽업하는 데에 전혀 문제가 없다. 덴마크는 1년에 보통 6주 정도의 휴가를 받는다. 휴가가 길기 때문에 여행도 가기 쉽고 가족들과의 시간을 보내기도 여유로운 사회구조다. 보통 출산휴가는 엄마 아빠 각각 6개월 정도로 유급휴가를 받을 수 있다. 그래서 개인의 사정에 따라 달라지겠지만 보통은 자신의 휴가와 출산휴가를 합쳐서 1년 정도 엄마가 아이를 돌보고 엄마가 회사에 복귀하면 나머지 시간은 아빠가 쉬면서 아기를 돌본다. 어린이집에 자리가 없다면 휴가를 잘 이용하거나 데이케어 개념의 시스템을 이용해 아이를 맡기고 일에 복귀한다. 휴가는 근무시작일을 기준으로 달력상 1월 1일부터 12월 31일까지 생기며 5월 1일부터 그 다음 해 4월 30일까지 사용할 수 있다. 보통 입사한 1년은 유급휴가가 없다. 하지만 유급휴가가 없더라도 무급으로 여름 3주 휴가는 누구든지 사용할 권리가 있다.

직장 상사와의 관계는 상사의 배경과 스타일에 따라 다르나 한국과 비교한다면 비교적 수평적이라 볼 수 있다. 조직의 특성상 명령체계가 필수이기 때문에 100% 수평적일 수는 없다. 그러나 직장상사가 퇴근을 하지 않았다는 이유로 남아 있거나 그런 눈치를 보는 일들은 없다. 한 가지 예로 교사 파업 당시 학교가 문을 닫아 아이들이 갈 곳이 없었다. 그 때는 할머니, 할아버지 등 온 가족이 총동원되어 아이들을 돌보았는데 이러한 여건이 안되었던 사람들은 아이들을 데리고 출근하는 경우도 많았다.

만약 몸이 아프다면 어떨까? 우리 나라처럼 조직 문화가 병가를 사용하기 힘든 분위기라면 아픈 몸을 이끌고 출근을 할 수 밖에 없다. 독감이 걸려도, 심지어는 교통사고를 당한 경우에도 큰 외상이 없으니 출근을 할 수 밖에 없다는 지인의 한숨 섞인 얘기를 들은 적이 있다. 덴마크는 본인의 병가일수에서 3일까지 진단서 없이도 가능하다. 아픈 이유를 설명하지 않아도 되고 회사에서도 물을 수 없게 되어 있다. 그러나 3일 이상 병가일 시에는 진단서를 제출해야 하며 회사에서 그 비용을 부담한다. 덴마크는 의료비가 모두 무료이기 때문에 병원비를 회사에서 부담한다기보다는 병가휴가를 유급휴가로 이용할 수 있다는 의미로 해석하면 된다.

그러나 병가일수가 일 년을 기준으로 근로일의 3분의 1이 넘을 경우에는 회사에서 해고가 가능하고 보상금액은 서로 합의를 통해 결정한다. 해고가 되었을 경우, 새로운 직장을 구하기 전까지의 생활도 고려한다는 것을 알 수 있다. 그리고 대부분의 직장인들이 노동조합에 가입되어 있다. 연금은 나라에서 나오는 것도 있지만, 개인적으로 보다 나은 은퇴 후의 삶을 위해 개인연금이나 다양한 실업연금에 가입하는 경우도 많다.

본인이 아픈 경우 외에 가족이 아플 경우에도 1일 유급 병가를 받을 수 있고 2일부터는 개인휴가를 사용하거나 무급병가를 이용한다. 가족문화를 중요시하는 사회이기 때문에 아이들이 아프거나 아이들 교육 관련으로 발생하는 조퇴 및 유동적인 근무시간은 당연하게 생각한다.

또한 한국과는 다르게 감정에 관련된 병가가 심각하게 받아들여지기도 한다. 예를 들어 같이 일하는 동료나 직장상사에게서 오는 스트레스로 인해 일을 못할 정도로 힘들거나 그것으로 인해 아파서 병가휴가를 이용할 때가 그런 경우다. 인권이 아주 잘 보장되고 중요시되는 나라이기 때문에 직장에 따라 조금씩 차이가 있겠지만 동료와의 관계나 일에 관한 문제들을 중간에서 조율해 주고 상담해 주는 사람이 있기도 하고, 정기적으로 일하는 부분이나 동료관계 등에 대한 설문조사를 해서 직원들을 관리하기도 한다. 그만큼 아주 심각해질 수 있고 예민한 문제라 서로 합의를 통해 풀어 나간다. 물론 일하는 분위기는 어떠한 분야인지 어떤 직장인지에 따라 다르다. 팀플레이가 중요시되는 업무분야가 있고 개인플레이가 중요시되는 업무분야가 있기 때문에 각자의 리더들과 그 리더십을 바탕으로 일을 한다고 할 수 있다.

점심시간은 30분으로 가까운 독일에 비해 짧다. 이는 음식문화와 연관이 있다. 독일은 점심으로는 따뜻한 음식을 먹고 오히려 저녁을 차갑게 먹는 문화이다. 그래서 점심을 길게 1시간 30분~2시간 정도 먹고 저녁을 간단히 먹는다. 그래서 관공서는 점심시간에 문을 닫고 후에 다시 문을 연다. 학교나 회사의 식당, 일반 레스토랑의 메뉴가 풍부하고 점심 세일도 없다. 반면 덴마크는 점심을 짧고 간단하게 먹는 문화이기 때문에 점심메뉴에는 뷔페식이 많고 메뉴를 간단하게 만들어 세일을 하는 경우가 많다.

지인의 말에 따르면 회사 안에 있는 칸티네(구내식당)에서 뷔페식으로 매일 다른 메뉴가 나오지만 역시 사람들은 항상 불만이 있다고 한다. 이럴 때 보면 먹는 것에 대한 사람의 욕심은 끝이 없는 것 같다. 직장마다 조금씩 차이는 있지만 보통 12시부터 점심시간이고 저녁시간은 5~7시 사이에 가진다. 점심 값은 한 달에 280크로네(한화로 5~6만 원) 정도이며 월급에서 공제되는 경우가 많다.

한국은 야근을 통해 일을 더 하는 경우가 많은데 덴마크에서는 야근이라는 개념보다는 초과근무라는 개념이 더 옳은 표현이다.

그리고 초과근무를 할 경우에는 추가 임금이 확실히 지불되는 편이다. 기준 근로시간 초과 시 처음 2시간은 1.5배, 2시간 초과 시 2배로 계산하고, 쉬는 날 근무할 경우 무조건 2배 계산, 공휴일 근무 역시 2배 계산이다. 초과 시간은 3개월 내에 휴가로 쓸 수 있고 3개월이 지나면 돈으로 받을 수도 있다. 하지만 이것도 직위 직급에 따라 다르다. 매니저의 경우에는 그냥 1:1로 계산하고 어느 정도의 초과근무는 암묵적으로 할 수도 있다. 한국 사람들로서는 이해가 되지 않을 수도 있지만 매니저 이상이 되면 월급을 더 받지만 책임이 많아지고 일의 성과나 직원 관리에 스트레스가 많아지기 때문에 덴마크 사람들은 매니저가 되기를 꺼려 하기도 한다. 평사원으로 일해도 먹고 사는 것에 지장이 없고, 스트레스를 덜 받는데다가 책임질 일도 많지 않기 때문이다. 하지만 이런 마인드로 일하는 직원의 매니저는 골머리를 앓기도 한다. 만약 부하직원이 아프다고 병가를 낸 상태에서 위에서 눈치를 주면, 감정 스트레스 병가로 회사를 상대로 소송을 걸 수도 있다. 그렇게 되면 그 소송에서는 거의 회사가 패하고 위로금이나 보상금을 지불해야 한다. 이것이 회사입장에서 봤을 때는 인권보호법이 너무 잘되어 있어서 나타나는 단점 중 하나이기도 하다. 이처럼 어떤 일에서건 서로의 입장이 있지만, 덴마크에서는 약자인 노동자의 손을 들어 준다는 것이 한국과 다른 점이다. '강자보다 약자 편에 서는 것.' 나는 이것이 이 나라를 지탱하는 힘이 아닐까 생각한다.

교사 파업

한국에서 교사 파업이란 상상도 할 수 없는 일이지만, 지난 2013년, 덴마크의 교육제도 변경으로 교사들은 전면 파업에 들어갔다. 덴마크의 로컬학교에서 시작된 파업은 점점 노동조합에 - 거의 모든 직업에 조합이 있고 조합의 영향력은 생각보다 강하다 - 가입된 모든 교사들이 파업에 들어갔다. 덴마크 국립학교에서 시작된 파업이 국제사립학교까지 퍼져나갔다. 교사가 없어 수업을 진행할 수 없게 되자 학교는 문을 닫았고 아이들의 강제방학이 시작되었다. 학교마다 지역마다 조금씩 차이는 있지만 길게는 거의 4~5개월 정도였다. 아이들은 학교에 가고 싶어서 '학교로 다시 돌아가고 싶다'는 현수막을 만들어 학교에 걸기도 했다. 파업이 길어지면서 아이들은 그룹을 이루어서 선생님의 집으로 가서 수업을 하기도 했다.

"학교에 가고 싶다"고 쓰여 있는 현수막

파업은 교사들의 입장에서 보면 어쩔 수 없는 일이기도 했다. 나라별로 실시되는 평가에서 덴마크가 좋지 않은 결과를 받자, 좀 더 좋은 결과를 내보자라는 의견이 나오기 시작하면서 교육제도가 변경되기 시작했고 각 코뮨은 교사들에게 더 많은 일을 요구했다. 이 과정에서 교사들의 근무시간과 수당이 문제되면서 파업이 시작된 것이다.

2013년 6월 13일자 폴케스콜레Folkeskolen신문에는 초등학교 교육 개선을 위해 정부와 각 코뮨이 협의한 내용을 담은 기사가 실렸다. 각 학교마다 숙제 도움에 대한 권유를 의무적으로 실시하되, 참여 여부와 시간은 학생이 결정할 수 있다는 것과 수업 시간 이외에 기타 학습 시간이라는 새로운 시간을 추가하고 신체활동이 포함된 체육 수업을 하루 평균 45분으로 늘린다는 것이 주요 내용이다. 이 기사에 따르면 덴마크 다음 대선에서는 심화학습과 숙제도움 시간은 수업시간 이내로 규정한다는 내용을 골자로 한 법안을 논의하기로 한 것으로 알려졌다.

질문이 많은 아이들

  세계 어디나 아이들은 질문이 많다. 궁금한 것이 많으니 질문도 많은 것이 당연할 것이다. 덴마크의 아이들은 자기 부모뿐 아니라, 친구의 부모들과도 많은 이야기를 한다. 선물을 받았다거나, 자기가 그린 그림을 보여 준다거나 하며 학교에서 있었던 사소한 일들을 자기 부모에게 하듯이 자연스럽게 쏟아낸다. 참 신기한 것은 이런 별것 아닌 말에도 이곳 부모들은 내 아이가 얘기하는 것처럼 모두 들어 주고 일일이 다 답변해 준다. 오히려 이야기가 끊어지지 않도록 계속 대화를 이끌어간다. 모르는 사람들도 마찬가지이다. 어느 날 아이가 친구들과 지나가면서 길에서 일을 하고 있는 사람을 보고 뭔가가 궁금했는지 대뜸 물었다. "아저씨, 여기서 뭐해요?" 그러자 그 분은 아무렇지도 않게 웃으며 일을 하고 있다고 답하며 자연스럽게 대화가 이어졌다. 산책 중에 있는 개를 발견해서 견주에게 개 이름은 뭐냐, 몇 살이냐, 만져봐도 되냐 물으면 역시 모두 답해 주고, 자연스럽게 대화를 한다.

시사에 밝은 아이들

이곳도 선거철이 되면 곳곳에 후보자들의 팸플릿들이 그들의 공약과 함께 여기저기 붙어 있다. 깨끗한 도시가 순식간에 어수선해지는 순간이다. 하지만 한국처럼 소음은 없다. 선거일은 임시 공휴일이 아니고 보통 주말에 이루어지지만 투표 참여율은 꽤 높다. 한국처럼 선거일을 임시 공휴일로 정하지 않음에도 불구하고 투표율이 적게는 82%에서 많게는 89% 정도가 될 만큼 국민들의 참여도가 높다. 많은 사람들이 관심을 가지고 있기 때문인지 아이들도 후보자와 그들의 공약을 알고 있다. 우리 아이도 누구의 공약이 마음에 든다며 그 사람이 되었으면 좋겠다고 말을 할 정도다.

지금은 한국도 많이 달라졌겠지만, 내가 어렸을 때를 떠올려 보면 정치에는 관심이 없었다. 아이가 그런 이야기를 꺼낸다는 것 자체가 흔치 않았다. 어떻게 알았냐고 물었더니 학교에 가면 아이들과 후보자들에 관해 이야기를 한다고 했다. 가족들과 이야기를 많이 하는 문화이다 보니 이런 정치 이야기도 아이들이 자연스럽게 접하는 분위기인 것 같다. 얼마 전 미국 대통령 선거 때에도 딸아이는 트럼프가 되면 안 된다고 했었는데 트럼프가 당선된 후 너무 실망을 하며 집으로 돌아와 한동안 그 이야기를 했던 기억이 난다.

덴마크는 점차적으로 현금을 없애려는 계획을 가지고 있다. 그래서 제일 큰 1,000크로네(한화 20만 원 정도) 현금부터 없애고 있다. 이 소식을 들은 딸아이는 어느 날 친구와 심각한 고민에 빠졌다. 왜 없어지는지는 모르고 그냥 단순히 현금이 없어진다는 말만 듣고 자신들은 그럼 용돈을 어떻게 받을지 걱정하기 시작한 것이다. 큰 돈이면 지폐로 받으면 되는데 지폐가 사라지면 힘들게 동전으로 받아야 한다며 얼마나 심각하게 이야기를 하는지 아이들의 순수함에 한참을 웃었다.

요즈음 코펜하겐은 주거지 도시 계획으로 개발이 한참이다. 우리 집 근처에는 '아마 펠Amager fælled'이라는 숲이 있는데, 이 곳도 그 개발구역에 포함되어 있다. 이곳이 개발되면서 자연히 자연이 훼손될 수 밖에 없어지자 그것을 우려하는 사람들은 반대하며 데모를 하기도 했다. 그로 인해 이 개발을 두고 찬반 투표가 벌어질 만큼 중요한 이슈가 됐는데, 우리 아이도 이 뉴스를 접하고 아주 심각하게 이야기했다. "엄마, 사람이 살아가려면 깨끗한 공기가 필요한데 이 공기를 만드는 나무를 없애는 것은 너무 나쁜 것 같아." 그렇게 시간이 흐른 후 친구들과 함께 좋은 플랜을 만들었다고 나에게 그 계획을 이야기해 줬다. 그 계획을 발표한 사람의 사무실에 친구들과 몰래 가서 누구는 망을 보고 누구는 방에 몰래 들어가서 서류를 찾고 누구는 그것을 망가트린다는 황당무계한 모의였다. "그럼 그 계획서를 망가트리고 새 계획서로 바꿔 놓을 거야?" 하고 물었더니 아직 거기까지는 생각을 안 해 봤다고 한다. 그러고는 아이는 심각하게 친구들과 다시 이야기를 더 해 봐야겠다며 자리를 떠났다. 이 이야기를 들으며 내가 어렸을 때도 이런 생각을 했던가? 하는 의문이 들면서 아이가 이런 생각을 하고 있다는 것이 놀라웠다. 아이들이 자연과 가까이 있어서 그런지 자연을 많이 아끼는 생각이 예뻤고 이 마음이 앞으로도 변하지 않았으면 하는 생각이 들었다.

집 앞 숲의 모습
우리 가족은 매일 반려견 루피와 함께 이곳으로 산책을 나간다.

이처럼 아이들은 생각보다 뉴스에 관심이 많고 또 많이 알고 있다. 앞서 이야기한 것처럼 가족 간의 대화가 많기 때문에 자연스럽게 시사에 대해 접하고, 부모들은 아이들의 물음에 귀찮아 하지 않고 성심껏 답을 해주기에 가능한 일이다. 덴마크의 어른들은 정말이지 참을성 있게 아이들의 물음에 정성껏 대답해 준다. 그리고 아이들을 혼낼 때에도 책에 나오는 정석대로 대체적으로 오목조목 이야기하며 훈육하고 잘 타이른다. 우리는 흔히 "육아가 책처럼 돼?"라고 하거나 TV나 강연에 나오는 전문가들의 이야기를 들으며 "저 사람도 자기 애는 저렇게 못 키울걸?"이라고 말하며 나 자신을 위로하고 합리화한다. 그런데 덴마크 부모들은 정말 신기하게도 책처럼, 전문가들의 강의처럼 그렇게 아이들을 키운다. 아마 그들도 어려서부터 듣고 말하는 훈련이 잘 되어서 그런 거겠지만, 책처럼 아이를 키우는 것이 전혀 불가능한 것이 아니라는 점은 상당히 고무적으로 다가온다.

화려하지 않아도
즐거운 덴마크의 명절과 축제

크리스마스

크리스마스는 덴마크에서 가장 큰 명절이다. 모두들 이 날을 기다리며 긴 겨울을 보낸다고 해도 과언이 아닐 정도로 말이다. 아이들은 12월 1일부터 크리스마스 전날인 23일까지 '율레 칼렌더Jule Kalender(크리스마스 달력)'를 열어 보는 재미로 크리스마스를 시작한다. 그 달력에는 아이들이 좋아할 만한 작은 선물(요즘은 초콜릿, 젤리, 레고 등 다양한 상품들로 나와 있어서 쉽게 구입이 가능하다)이 날짜별로 들어 있어서 해당되는 날이 되면 아이들은 일어나자마자 달력 앞으로 가서 달력을 열어 선물을 받아간다. 그리고 날짜마다 하루씩 태우는 크리스마스 초에도 불을 밝히며 각 가정에서도 크리스마스 시작을 알린다.

이곳의 크리스마스는 가족과 시간을 보내는 날이다 보니 크리스마스 전에 주변의 사람들인 친구, 지인, 직장 동료들과 '율레 프로코스트Jule Frokost(크리스마스 점심)'를 즐기며 크리스마스의 기쁨을 나눈다. 각 레스토랑에서도 율레 프로코스트 광고를 하며 크리스마스 준비로 바쁜 하루를 보낸다. 시내 중심가에는 독일처럼 화려하고 큰 크리스마스 마켓은 아니지만 작고 아기자기한 상점들이 모여 크리스마스 마켓이 열리고 사람들은 글뤼와인(오렌지나 계피가 첨가된 와인을 따뜻하게 데운 것)을 마시며 얼어붙은 몸을 녹이고 가족들과 혹은 연인과 함께 크리스마스 마켓을 즐긴다.

가족들에게 받고 싶은 선물 리스트를 받아 선물 준비도 열심이다. 크리스마스 식사 시간에 모이는 가족들에게 각 하나씩 선물을 준비를 해야 하기 때문에 미리미리 준비를 해서 크리스마스 트리 아래에 그 선물들을 둔다. 그리고 집안 곳곳에 크리스마스 장식으로 꾸미기에 여념이 없다. 이런 모습을 보면 우리나라의 추석이나 설 명절과 크게 다를 바 없다. 명절을 기다리는 동안 기대, 즐거움도 있지만 동시에 명절증후군과 같은 스트레스도 있으니 말이다.

덴마크에서는 크리스마스 이브의 저녁식사 시간이 매우 중요하다. 가족과 시간을 보내야 하기 때문이다. 우리도 명절에 그러하듯 모두들 정성스럽게 음식을 준비한다. 우리나라에서 설에 떡국을 먹는 것처럼 이들은 '플래스케스타이Flæskesteg(통 삼겹살을 오븐에 장시간 구워서 절여진 붉은 양배추와 설탕에 졸인 감자와 곁들여 먹는 음식)', '리센그뢸 Risengrød(쌀을 끓여 크림 혹은 우유와 바닐라 같은 것을 섞어 계피가루를 뿌려 먹는 쌀 푸딩 같은 디저트 중 하나)', '리센알라망드Risalamande(리센그뢸과 비슷한 음식. 계피가루 대신에 체리 소스를 뿌리고 아몬드를 넣는데 이때 통 아몬드를 아무도 모르게 넣어서 디저트를 즐기는 중 통아몬드가 나오는 사람에게 선물을 주기도 한다)' 같은 음식을 먹는다.

거리에는 오가는 사람도 없이 조용하고 집안에서 모두 가족과 함께 휘게한 크리스마스 밤을 보낸다. 이런 문화를 가졌기 때문에 학부모들은 크리스마스가 다가오면 우리에게 가족 방문을 위해 한국에 가냐고 묻는다.

우리는 "아니 그냥 여기에서 머물러"라고 답한다. 그러면 그들의 반응은 보통 두 가지이다. 하나는 "한국에는 크리스마스가 없어?" 아니면 "가족과 시간을 못 보내서 아쉽겠다"이다. 아이도 그게 아쉬웠는지 크리스마스가 되면 할머니, 할아버지도 함께 했으면 하는 마음을 비추더니 우리에게 제안을 했다. 덴마크 사람들처럼 각자 가족별로 선물을 준비해서 크리스마스 때 열어 보자는 것이다. 그럼 아주 휘게한 크리스마스 저녁이 될 것이라며 말이다. 그렇게 했더니 딸의 말처럼 지난 번 크리스마스는 다른 해보다 좀 더 따뜻한 느낌이었다.

아이와 함께 만든 우리 집 크리스마스 장식

페스테라운Fastelavn

페스테라운은 하나의 축제로 보통 겨울과 봄 사이, 부활절 50일 전에 열린다. 예전에는 검은 고양이가 죽으면 한 도시가 페스트(흑사병)에 걸리지 않을 수 있다고 믿었다. 그래서 '페스테라운Fastelavn'이 가까워지면 전 유럽의 고양이들의 생명이 위험했다고 전해진다. 달의 전령, 신령한 동물처럼 여겨진 고양이들은 통 안에 들어가서 희생의 제물이 되어야 했기 때문이다. 사람들은 고양이가 들어간 그 통이 부서질 때까지 막대기로 치면서 고양이를 잡았다. 한편 프랑스나 독일에서는 부활절 기간에 고양이를 불에 던지기도 하고 교회 탑에 던지기도 했다고 한다. 여기에서 유래된 페스테라운은 지금은 나무통속에 고양이 대신 '슬릭slik(캐러멜, 초콜릿, 사탕 같은 것)'을 넣고 제각기 분장도 하고 코스튬을 입은 아이들이 막대기를 들고 돌아가며 그 통을 내려친다. 통은 조금씩 부서지고 누군가가 차례가 되어서 쳤을 때 슬릭이 바닥으로 떨어졌다면 그 아이는 '캐테콩에Kattekonge(고양이 왕)'가 되고 그 뒤로 계속 쳐서 누군가가 마지막 널빤지를 떨어지게 했다면 그 아이는 '캐테드로닝Kattedronning(고양이 여왕)'이 된다. 그리고 함께했던 아이들은 떨어진 슬릭 봉투를 나눠가진다.

페스테라운 행사 때는 나무통과 함께 '페스테라운리스Fastelavnris'라는 나뭇가지를 함께 준비하는데, 신선한 자작나무 가지에 조각 같은 것을 잘라 매달고 페스테라운 아침에 다산을 위해 침대를 치며 부모를 깨운다. 예전에는 다산을 기원하며 농장에 있는 동물들(닭, 오리 같은 가축)을 이것으로 때렸다고 전해진다. 굴뚝 청소부가 먼지를 털면 그의 빗자루가 행운을 가져다 준다고 믿었던 것에서 유래되었다. 지금은 그렇게 하지는 않지만 아이들은 나뭇가지에 고양이 그림이 그려진 종이를 잘라서 매달며 이 축제를 즐긴다.

　이러한 페스테라운 행사는 예전의 의미나 의식은 사라졌지만 아이들에게는 큰 축제로 남았다. 그래서 유치원부터 시작해서 학교 곳곳에서 이 행사를 크게 한다. 딸의 학교 역시 마찬가지이다. 올해는 이 행사를 두 번이나 했다. 학부모 대표들이 주최한 반별 행사와 학교 전체에서 준비한 학교 행사까지 말이다. 코스튬 준비로 애를 먹기는 했지만 아이들은 이 축제가 즐겁기만 하다. 나는 이 행사를 통해 아이들이 부쩍 자란 것을 느꼈다. 통을 부수는 속도가 제법 빨라졌기 때문이다. 처음에는 아무리 내려쳐도 부서지지 않아서 부모들이 도와가면서 했었는데 이번에는 너무 빨리 끝나서 다들 아쉬워할 정도였다.

마트에 진열된 페스테라운 관련 제품들

나뭇가지로 통을 내리치는 아이들
갖가지 코스튬을 하고 온 아이들이 나뭇가지로 통을 내리치고 있다.

통이 깨지는 장면
마침내 통이 깨지고 물건들이 쏟아져 나오자 모두들 환호성을 지르며 즐거워했다.

그리고 이날은 '페스트 라운 에어 밋 나운Faste lavn er mit navn'이라
는 노래를 부르며 동네를 돈다. 노래는 이렇다.

Faste lavn er mit navn,

Boller vil jeg have.

Hvis jeg ingen boller får,

så laver jeg ballade.

Boller op, boller ned

boller i min mave.

Hvis jeg ingen boller får,

så laver jeg ballade.

Boller små, skal i få,

så i bliver glade,

så vil jeg, ikke have,

i laver mer' ballade.

즉, 달콤한 빵인 '볼러Boller'나 '슬릭'을 주면 기쁘고 안 주면 말썽을 피우겠다는 노래이다.

할로윈

덴마크에서 할로윈 행사가 시작된 것은 그리 오래되지 않았지만 점점 많은 사람들이 행사에 참여하는 분위기다. 아무래도 여름이 지나고 가을, 겨울이 되면서 점점 어두워지고 추워지기 때문에 긴 겨울을 조금이라도 재미있게 보내려는 것 같다.

우리 아이는 유치원에서부터 이 행사를 했기 때문에 매년 의상 고민으로 머리가 아프다. 크리스마스 장식처럼 집집마다 할로윈 분위기를 연출하지는 않지만 많은 집들이 할로윈 때가 되면 호박을 이용하거나 각자의 방법으로 집을 꾸며 놓는다.

아이의 반에서는 매년 10월 31일에 학교 근처 놀이터에 할로윈 분장을 하고 슬릭을 담을 주머니를 챙겨서 모인다. 간혹 부모들도 적극적으로 할로윈 분장을 하고 아이들과 함께 등장을 해서 한층 분위기를 달구기도 한다. 아이들이 다 모인 것을 확인하면, 먼저 놀이터 근처에 살고 있는 집 중에 반 아이들의 집에 방문한다. 아이들에게 사탕을 주겠다는 지원자의 집주소를 미리 받아서 가는 것이다. 5명 정도 그룹을 지어 부모들과 함께 집집마다 방문을 한다. 아이들은 "슬릭 엘러 벨러Slik eller ballade!(사탕 혹은 말썽)"라고 외치며 빨리 문을 열어달라고 재촉한다.

우리가 살고 있는 동네는 주택단지가 없고 거의 아파트로 되어 있어서 아이들은 집을 방문할 때 혹시나 하는 마음에 다른 집들의 문들도 두드려 본다. 준비된 집들은 아이들에게 슬릭을 나눠주고 미처 준비하지 못한 어떤 이들은 동전을 주기도 한다. 그럼 부모들은 그것을 아이들에게 똑같이 분배해 주거나 가게에 가서 슬릭을 사서 나누어 준다. 간혹 아이들은 장난과 호기심으로 집에만 방문하는 것이 아니라 '키오스크Kiosk(간단하게 간식이나 음료 잡지 같은 것을 파는 곳)'나 피자가게에도 가서 "슬릭 엘러 벨러!"를 외친다. 모든 가게

들이 다 그렇지는 않지만 마음 좋은 주인들이 아이들에게 사탕이
나 피자를 한 조각씩 나눠주기도 한다. 그렇게 두어 시간 정도 돌
고 나면 어느덧 깜깜한 밤이 되고 아이들은 받은 슬릭을 만족해하
며 다음 할로윈을 기대한다. 아이들도 신나지만 부모들도 함께 즐
길 수 있는 할로윈이다.

신나게 할로윈을 즐기는 아이들
마음씨 좋은 피자가게 아저씨가 피자를 나눠주셨다.

루치아 데이Lucia Dag

산타 루치아Sankt Lucia는 순교한 이탈리아 성자 중 한 사람으로
라틴어 '럭스Lux'에서 왔고 '빛'이라는 뜻을 가지고 있다. 그녀는 300
년도에 시칠리아Sicilien의 시라쿠스Syrakus라는 도시에 살면서 가난
한 자들에게 음식을 나눠주고 머리에는 '빛'을, 양손으로는 '도움'을

주었다고 전해진다. 그래서 오늘날 14C 율리우스력에 따라 일년 중 가장 해가 짧은 날인 12월 13일을 '루치아 데이Lucia Dag'로 정해서 그 날을 기념한다.

이날은 보통 행렬을 하는데 이것은 1928년부터 스웨덴의 한 신문사에서 스톡홀름의 루시아를 뽑는 것에서 비롯되었다고 전해진다. 오늘날에는 스웨덴 각 도시마다 13일 전에 루시아를 뽑는다고 한다.

그 후 덴마크에도 이 행렬이 전해졌고 덴마크의 첫 번째 행렬은 Scala에서 시작되었다. 요즘은 교회, 학교, 유치원, 양로원 등 많은 장소에서 촛불을 들고 보통 여자는 흰옷을 입고 머리에 '엘벤츠크란스Adventskrans(강림절 화관)'를 쓰고 남자는 검은 옷을 입고 '산타루치아' 노래를 부르며 주변을 도는 것으로 발전했다.

유치원에서 처음으로 이 행사를 접한 딸아이는 노래를 배우고 이 행렬을 위해 많은 연습을 했다. 보통 5~6세 그룹의 아이들이 이 행렬에 참석을 하는데 매주 목요일이면 유치원 맞은편에 있는 교회에 가서 합창 연습을 통해 이날을 위한 '산타루치아' 노래를 배우게 되었다. 특히나 노래를 다 외워서 불러야 했기에 우리 아이는 더 많은 노력이 필요했다. 초를 들고 노래를 부르며 리듬에 맞춰서 걷는 것이 쉽지는 않았는지 딸아이가 틈만 나면 연습을 했던 기억이 난다. 그리고 루치아 데이에 유치원에서는 부모들을 교회로 초대한

다. 아이들은 준비된 옷을 입고 화관을 쓰고 초를 들고서는 유치원
에서부터 노래를 부르며 교회 안으로 들어온다.

산타루치아 노래를 부르며 행진하는 아이들

　모든 부모들이 한마음인 듯 제각기 그 순간을 남기기 위해 카메
라 셔터를 누르고 동영상을 찍으며 그날을 기념한다. 루치아 행진
이 끝나면 그 동안 매주 교회에서 합창시간 때 배웠던 노래들도 추
가로 발표하고 유치원으로 다시 모여 루치아빵을 먹으며 이야기를
나누고 시간을 보낸다. 이 행사는 한 번으로 끝나지 않는다. 그 다
음날에는 유치원에 있는 아이들을 위해서 행진을 한다. 그리고 그
당시 딸아이의 반 친구 중 한 엄마의 직장에서도 행진을 해달라는
요청이 있어서 아이들이 엄마의 회사에 가서도 행진을 했다. 그만
큼 이 행사는 중요한 행사 중의 하나이다. 딸아이는 아직 학교에서
는 이 행진에 참여해 보지 못했다. 아직 저학년에게는 순서가 돌아
오지 않는 모양이다.

콘피어마숀Konfirmation

'콘피어마숀Konfirmation'은 세례를 확인하는 종교행위이며 성찬에 참여할 수 있다는 것을 의미한다. 그리고 아이에서 어른이 되는 성 인식의 과정이기도 하다. 루터교에서는 보통 13~15세에 콘피어마 숀을 할 수 있다. 콘피어마숀을 준비하는 아이들은 학교 근처에 있 는 지역교회에 가서 목사님에게 이 의식을 할 수 있는 교리 및 수 업을 받고 4, 5월 중에 날짜를 정해서 가족과 친지, 친구들을 초대 해 의식을 치른다.

여자아이들은 흰 드레스에 흰 구두를, 남자아이들은 검은 양복 과 검은 구두를 준비한다. 중요한 의식이니만큼 모두들 예쁘고 멋 지게 정성스럽게 준비를 한다.

그 세례식 후에 가족들은 아주 성대한 파티를 준비한다. 아이에 서 성인이 되었다는 것을 의미하기 때문에 부모들은 파티에 엄청 난 공을 들인다. 지인의 초대로 참석을 해 본 경험이 있는데 부모 도 아이도 모두 흥분과 기쁨을 감추지 못할 만큼 파티에 많은 정 성을 쏟는다. 그래서 초대받은 이들도 많은 선물을 준비한다. 손님 들 역시 큰 파티이기 때문에 다른 선물과 다르게 특별히 선물에 많 은 정성을 담는다.

나에게 고등학교 생활에 대해 자세히 알려준 시실리아의 콘피어마숀

    세례 의식 없이 성인식만 하는 것은 '논피어마숀Nonfirmation'이라고 부르는데 요즈음에는 이 논피어마숀을 많이들 선호한다고 한다. 보도에 따르면 2007~2015년 사이에 지역교회에서 69~73%가 콘피어마숀을 했다고 하는데 수치가 점점 하락하는 추세다.

    루터교든 개혁교회든 이전 가톨릭에서 종교개혁을 거쳐 다시 탄생한 것인데 한국의 개신교와는 조금 다르다. 한국은 아무래도 미국의 영향을 많이 받아서 미국 교회와 비슷한 점이 많을 것이고 이곳은 종교개혁을 거쳤지만 예배의 느낌은 가톨릭과 많이 흡사하다. 그래서 세례를 받을 때 대부와 대모의 개념이 있다. 어느 날 여느 때와 같이 교회에 갔었는데 뭔가가 다른 점을 발견하였

덴 마 크 식   행 복 육 아

다. 밖에 있는 자동차는 왕실 차 중 하나였고 - 왕실과 관련된 차들은 검은 번호판을 단다 - 교회문 밖에는 경호원 같은 사람이 한 명 서 있었다.

현재 한인 교회로 사용되는 곳은 원래 독일 교회로 독일, 프랑스, 한국, 가나 이런 순서로 예배를 드린다. 앞서 프랑스 교회의 예배가 끝나길 기다리고 있는데 어디서 많이 본 얼굴이 보였다. 왕세자 프레데릭이었다.

순간 '왕세자가 여긴 왜? 이렇게 조촐하게 한 명만 데리고 왜 이곳에?' 하며 안으로 들어갔다가 다시 나왔다. 분명히 왕세자 프레데릭이었기 때문에 확신에 찬 남편이 다가가서 물었다. 딸아이와 사진을 찍을 수 없겠냐고 말이다. 돌아온 답은 시간이 안 된다는 정중한 거절이었다. 지극히 개인적인 일로 이곳에 온 것이었다. 친구의 자녀가 세례식이 있어서 대부가 되어 주기 위해 왔다고 했는데 정말 소박했다. 순간 '한국이라면 어떠했을까?'를 생각해 봤다. 아마 의전과 경호로 난리법석이 아니었을까 싶다. 아마 우리 가족은 접근조차 힘들었을 것이다. 이 일을 겪으며 그 소박함과 개인의 일상을 존중해주는 그들의 문화가 조금 부러웠던 기억이 난다.

덴마크에 대한 오해와 이해

한국 사람들은 덴마크 하면 우유, 치즈 등의 유제품을 가장 먼저 떠올린다. 실제로 내가 덴마크에 산다고 하면 "치즈 많이 먹겠네"라든지 "우유 맛있어?"라는 반응이 많다. 하지만 실제 덴마크는 굉장히 산업화된 나라이고 디자인 강국이다.

우선 덴마크에 대해 간단히 소개를 하자면 덴마크는 북유럽 여러 나라들 중에서 가장 남쪽에 위치하며, 독일과 육로로 이어져 있는 율랜드-유틀란트 반도Jylland와 수도 코펜하겐København이 있는 쎌란드 섬Sjælland, 오덴세Odense가 있는 퓐 섬Fyn, 이렇게 두 개의 섬을 중심으로 크고 작은 500여 개의 섬으로 이루어져 있다. 그리고 자치령인 그린란드와 페로제도가 있다. 지대가 가장 높은 곳이 147m밖에 되지 않는 완만한 국토이고, 숲과 호수가 많다. 덴마크는 겨울이 길고 눈도 많이 오지만 산이 전혀 없어 겨울에 스키를 즐기기 위해 스위스나 가까운 스웨덴으로 떠나는 모습을 흔히 볼 수 있다.

면적은 4만 3,094㎢로 우리나라의 경상도와 전라도를 합친 면적보다 약간 작다. 인구는 558만 정도로 우리나라의 1/10 수준이다.

종족은 북게르만계 노르만족의 한 분파인 데인족이며 언어는 덴마크어가 공용어이다. 덴마크는 작은 나라이지만 그들의 언어인 덴마크어에 대한 자부심이 대단하다. 종교는 전체 국민의 88%가 복음주의 루터교를 믿고 있다. 고도의 복지국가이며 사회보장비가 전체 예산의 1/3을 차지할 만큼 많은 예산을 복지에 투여하고 있다. 2014년 기준 1인당 국민소득은 4만 4,655달러이다.

한 마디로 '작지만 강한 나라'라고 할 수 있다. 내가 지난 10여 년간 덴마크에서 살면서 느낀 덴마크에 대한 한 줄 평이 바로 '작지만 강한 나라'이다.

동화작가로 우리에게도 잘 알려진 안데르센의 뒷이야기를 하며 덴마크에 대한 소개를 마칠까 한다.

한스 크리스티안 안데르센Hans Christian Andersen(1805~1875)은 1805년 오덴세에서 태어났다. 구두 수선공인 아버지와 세탁부 일을 하시는 어머니와 함께 살았는데 가정 형편이 많이 어려웠고 11세에 아버지가 돌아가시면서 가세는 더 기울어졌다. 가난하고 못생긴 데다 - 그는 추남으로 알려졌다 - 서투른 대인관계로 어릴 때 친구들로부터 따돌림을 당했던 그는 연극과 문화에 관심이 많았다. 그러다 어머니마저 재혼을 하게 되면서 그는 14세에 연극배우가 되기 위해 코펜하겐으로 상경하게 된다.

하지만 코펜하겐에서의 생활도 쉽지 않았다. 변성기가 되기 전까지 교회에서 합창단을 하면서 용돈을 조금씩 벌며 극장에서 연극과 춤을 배우며 생활을 했지만 많이 힘들었다고 한다. 가난한 형편에 교육도 제대로 받지 못했던 그는 요나스 콜린이라는 사람을 만나 그의 후원으로 라틴어학교에서 교육을 받으며 본격적으로 글을 쓰기 시작했다.

여행을 좋아했던 안데르센은 이탈리아 여행을 바탕으로 창작한 『즉흥시인』이라는 작품이 독일에서 호평을 받으며 이름을 알리기 시작했다. 우리에게 그는 동화 작가로만 많이 알려져 있는데 동화는 일부일 뿐 그는 소설, 기행문, 시집, 자서전 등 다양한 작품을 남겼다. 그의 시는 슈만과 그리그의 음악에 사용되었고, 우리에게 많이 알려진 동화는 125개의 언어로 번역되었다. 전 세계의 어린이들이 그의 동화를 읽었고 지금도 읽고 있다.

'가난, 추남, 따돌림, 고독, 서툰 대인관계, 불확실한 성 정체성' 그는 이러한 성격과 모습 때문에 주위에 여자가 있기도 했지만 평생 독신으로 살았고 70세로 생을 마감했다. 그의 장례식에는 국왕까지 왔었지만 그의 가족은 아무도 없었다고 전해진다.

그의 이야기는 행복한 결말이 없고 음산하고 기괴한 분위기가 많다. 우리에게 잘 알려진 '미운 오리 새끼'는 실제 안데르센의 모습을 애기했다고 보면 된다. 또 '성냥팔이 소녀'는 가난했던 가정 형편으로 어머니가 구걸하며 일하는 모습을 떠올리며 썼다고 전해진다.

작가로서는 성공했지만(독일에서의 호평) 주위 사람들(덴마크)은 그를 인정하지 않았다. 나도 덴마크에 오기 전에는 안데르센의 이런 어두운 뒷이야기는 전혀 모른 채 살아왔다. 그의 어두운 과거가 결국 그의 집필활동에 큰 도움을 준 것이다.

오덴세에 있는 안데르센 하우스
안데르센의 고향인 오덴세에는 당시 안데르센이 살던 마을을 재현해 놓은 안데르센
하우스가 있다. 안데르센의 생가와 그의 작품 및 물건들이 전시되어 있다.

행복에 관하여

덴마크에서 외국인으로 산 지 벌써 10년이란 시간이 흘렀다. 지난 10년 간의 일들을 되돌아보면 많은 시행착오들도 있었지만 지금까지 가장 잘한 일을 꼽으라면, 나는 바로 아이를 현지 학교에 보낸 것이라고 말하고 싶다. 대사관 직원들의 자녀들이나 기업의 주재원으로 파견 나온 이들의 자녀들은 대부분 국제학교에 입학한다. 항상 그래왔고 그게 당연한 수순이었다. 그래서 아이를 현지 유치원에 보내려고 할 당시, 걱정 섞인 눈빛을 보내는 한인들이 많았던 것도 사실이다. 하지만 지금은 우리아이를 보고 현지 학교에 보내는 한인 가정들이 늘어가고 있다. 우리 집이 하나의 롤모델이 되고 있는 것이다. 우리 아이가 이렇게 잘 해낼 줄 누가 알았겠는가!

변화는 용기 있는 누군가의 결심에서 아주 작게 시작한다.

'다른 아이들은 학원에 가는데 내 아이는 안 가도 괜찮을까, 다른 아이들은 모두 선행학습을 하는데 내 아이만 안 시켜도 괜찮을까.'

물론 두렵겠지만, 아이를 믿고 용기를 내 보자. 나도 많이 두려웠다.

사실 이곳에 살면서 나와 내 가족은 '행복'이라는 말에 크게 의미를 두지 않는다. 삶에 큰 자극이 없이 똑같은 일상일지라도 그저 하루하루를 열심히 그리고 즐겁게 살아갈 뿐이다. 사람은 누구나 가지지 못한 것에 대한, 가 보지 못한 길에 대한 동경이 있다. 그래서 어쩌면 '행복'이라는 말에 의미를 두고 집착한다는 것 자체가 '행복하지 않다'를 것을 반증하는 것이 아닌가 싶다.

언젠가 아이와 함께 '트롤Trolls'이라는 영화를 본 적이 있다. 항상 우울한 버겐 왕국은 모두가 행복한 트롤 왕국을 보며 트롤을 먹으면 행복해질 수 있을 것이라 생각한다. 결국 버겐 왕국이 트롤을 뺏기 위해 트롤 왕국을 위협하면서 이야기가 전개된다. 영화는 말한다. '행복은 먹는 것에서 오지 않는다'고, 마음 안에 내재되어 있는 '행복'을 느끼라고. 즉, '나에게 없는 다른 무엇을 채워 넣으면 행복해질 거야'라고 생각하지 말고 스스로 내 마음에 있는 행복을 꺼내서 느끼라는 것이다.

조사에 따르면 한국의 아동이 느끼는 '삶의 만족도'와 '아동 결핍 지수'가 OECD 국가 중 가장 낮은 수준인 것으로 드러났다. 우리의 미래인 아이들에게 이런 결과가 나왔다고 생각하니 참으로 안타까울 뿐이다. 그리고 이런 결과가 나왔다는 것은 결국 우리 어른들의 잘못이라고 할 수 있다. 가까이 있는 행복을 몰라보고 멀리 있는 파랑새를 좇아 주변의 소중함을 놓치고 있으니 말이다.

물론 먹고 살기 힘든 경제 상황과 불평등한 사회 구조가 큰 몫을 하고 있겠지만 이 책을 통해 조금이라도 우리의 의식이 변화되었으면 한다. 마냥 다른 선진국들을 부러워할 일도 아니고, 그들처럼 그대로 따를 수도 없다. 다만 덴마크 사람들처럼 일상의 소중함을 느끼며 서로 대화를 통해 소통하며 나아가길 바란다.

'트롤'의 이야기처럼 행복은 내게 없는 행복을 먹어서, 무언가를 채워서 만들어지는 것이 아니니까 말이다. 우리의 주변에서, 가장 가까운 가정에서부터 그 행복을 느끼기 시작한다면 우리의 아이들도 훗날 '한국의 아이처럼'이라는 누군가의 동경의 대상이 될 수 있지 않을까?